《易經》策略管理　經世致用之學

第七項修練

——解決問題的方法

薄喬萍編著

序

大家都聽過「瞎子摸象」的故事，由於每個瞎子只摸到了一小部份，因此，每個人對於大象的描述都不對，而且相去甚遠。

如果，有個明眼的人告訴這些瞎子一些提示，譬如：「大象是比牛還大的動物」、「大象有一條很長的鼻子」、「大象的耳朵像兩面大扇子」、「大象的四條腿很粗」、「大象的肚子平坦得像一面牆」……，提示得愈多，瞎子對於大象的概念，就會愈明白、愈正確。

通常，我們對於事物的認知，並不很透徹，雖然我們眼睛並不盲，但是，判斷事物的「心」卻並不很透徹，分析事物時，都會產生盲點。由於「心盲」，經常會把事情看扁了、看偏了，往往只能看到事情的一「角」，如果，此時有個人能多少提示一些，讓我們多知道一些事物的資訊，總比完全無知、瞎摸亂猜好得多。

心盲的「我們」，亟需一個「提示」的指引。

拙著的《第六項修練》，可以由不同的角度分析出事物的眞相，洪春棋教授曾經問筆者：「即使知道了事實，我們應該怎麼辦？」筆者說：「從《第六項修練》所發現的問題，可以從《第七項修練》中，找到問題解決的指引。」

因此，本書就命名為《第七項修練》，又因為是由《易經》所提供的指引，所以強調「《易經》策略規劃」。

本書中介紹如何尋找「提示的資訊」；如何根據提示，因應狀況的變動，並找出適當的策略規劃。遇到問題需要討論、解決時，可先將問題深思熟慮後，詳細敘述，說明問題之背景、關鍵之處，決定問題分析之重心，以及所欲分析討論的策略，制定者何人，然後按照以下八個步驟實施：

步驟一：參考「策略《易經》」（本書之下篇），自各卦之「管理意義」找出能夠契合所欲分析問題之「主」卦。

步驟二：先由所欲討論問題之「主」卦卦辭，分析本問題。

步驟三：由「主」卦「一體兩面」之「綜」卦，補充說明該問題之分析。

步驟四：再由「主」卦「極端相反」之「錯」卦，說明與本問題完全不相同時之分析。

步驟五：

「主」卦之各爻，代表問題之各發展階段，先由初爻爻辭說明問題初始之情形。

步驟六：

初爻之爻若有更變（如，陰變陽、陽變陰），則「主」卦也將更變為另一卦象；亦即，初期情況發生變動，則因應狀況變動之策略，由爻變後的卦辭分析。

步驟七：

二爻至上爻爻辭，說明問題之第二至第六階段的因應措施。

步驟八：

二爻以至上爻、爻變後，以更變後的卦辭，說明問題第二至第六階段，狀況變化時的因應策略。

以上八個步驟的思維方法，可以訓練讀者不至於侷限於自以為是的窠臼中，能養成從多方面、各角度，分析問題的成長過程，以及學習應對的方法。然而這種思維方式並非與生俱來的，需要長期、認眞地自我要求，因此，本書認為這是一種思維的訓練。

至於問題的解析方法，見仁見智，世上的方法何止萬千，眾多聖典之中，本書獨厚、採用中國古老的聖典《易經》。《易經》的六十四卦，實際上就是人生的各種型態，文王對於每一卦的整體看法，寫出各卦的卦辭。每一個卦各有六個爻，可以看作是一個問題的進行狀態，每一個爻辭，都是周公人生體驗而寫成的註解，因此，用《易經》的六個爻辭，可以表現出事物的動態，用「綜卦」可以說明相同性質的事物，用「錯卦」可以提醒絕不可發生的狀況。

千百年以來，《易經》對於世人思想的啓發、創新理念的激勵，與時俱在、無時不已，如今，又在「管理應用」的範疇內，發揮了更恢弘的成效，筆者每次應用《易經》分析問題時，從各卦、爻辭的說明，峰迴路轉，豁然又見另外一種啓示，不禁對於古老中國哲學的文明，更加深了一層懷思和敬意。

目錄

下篇　策略《易經》　113

上篇　第七項修練

根據《易經》的六十四卦所表現出管理上的意義，分別從一般人的家庭問題、生涯規劃、職場上的問題、政治問題，以及歷史故事的回顧，選出了二十餘則案例，分別敘述於下，說明「策略《易經》」的應用，從各案例的導引，可以啓發、訓練我們的思維方式和邏輯。

案例一：孩子不用功

子女不太用功，也不太聽話，稍微說兩句，還會遭受怒目相向，覺得父母太嘮叨，如果就此放棄、不再管了，似乎於心不忍，也有愧爲人父母的責任。此時，爲人父母者應該如何處理子女教育的問題？

分析：

子女的靈智尚未開竅，許多做人、做事的道理尚不明白，爲人父母者，終日所放心不下的、所耽心的，是子女何時才能懂事？怎樣才能讓他們懂得事、物的道理？此時子女心志似乎被蒙上了一層油，裡面的精華無法破殼而出。因此，本問題宜以「蒙」卦討論之。

「蒙」卦，卦辭分析：

爲人父母者能知道自己對於子女教育的蒙昧，這是個好現象。父母親教育子女，教導他們各種做人做事的大道理，絕不是因循溺愛。或是顛倒過來，反而還要處處向子女請教，還要費心思考要怎麼做才能討好子女，換得子女暫時的用功讀書？

綜卦「屯」，卦辭分析：

大腦混沌不開竅，宜以正常的方法使之開通，為人父母者，不宜私自採取偏方、偏激的行動，最好請教有學術修養，或是深通心理學、懂得教育的高明大師來開導。

錯卦「革」，卦辭分析：

對於傳統事物的道理懵懵懂懂，而且也已經不再適用了，父母親就要以創新改革的手法，除去不良的惰習，不再以打罵式的教育，當然剛開始的時候，也許不容易馬上適應，總是需要一點時間來調適。

初爻爻辭分析：

當子女年幼的時候，蒙昧無知，此時開啓他們心智的方法，可以採取懲罰之法，用以警惕、加深子女受教的印象。若是父母不捨得用嚴格的教育方法，子女將來很容易再犯這種無知之錯，而且，其錯誤之影響後果，可能會令人遺憾終身。

初爻爻變「損」，卦辭分析：

當子女受到了責備，如果出於本身的至誠，子女能心甘情願地接受責罰，日後就必然會在另一方面獲得教訓的受益，其中所產生的效益，絕不止目前表面上所見到的膚淺好處。

至於在教育子女時，用什麼方法？其實祇要子女能聽得進去，什麼方法都可以用，主要的是用對方法，才能見到效果。

二爻爻辭分析：

父母對於子女的無知要能包容，接受子女的錯誤，永不放棄教育，如此才能使家庭健全、子女的教育成功。

二爻變「剝」，卦辭分析：

如果父母對於子女已經失望透頂，就全然放棄了教育，這不是發自內心關懷的教育，這種教育方式永無成功之日。

如果父母教育子女，其發展過程並不順利，甚至已經形成了子女抗爭、不可收拾的情況，此時最好什麼都先不要做，靜觀其變，此時的任何行動，稍一不慎，都可能帶來不利的後果。

三爻爻辭分析：

爲人父母者教導子女，要能以身作則，自己的言行必定要能不偏不倚，否則子女無從取法，教育就沒有功效。希望子女用功讀書，然而爲人父母者卻天天打痲將、冶遊、應酬，這種家庭很難教育出用功的小孩。

三爻爻變「蠱」，卦辭分析：

為人父母者，當他們還沒有完全體會教育子女的心得，此時這個家庭就已為了子女的教育問題弄得焦頭爛額，氣氛非常緊張。為人父母者就應該以身示範，若是要求子女用功，自己就先要讀書，要求子女不要耽於安樂，自己就先要放棄安逸縱慾。

四爻爻辭分析：

教育子女，用盡了各種辦法，仍然無法開導成功，就會有「朽木不可雕也」之感。雖然難過，卻不能因此就氣餒。

四爻爻變「未濟」，卦辭分析：

如果父母並未因此而洩氣、絕望，子女教育的情況，仍然還有轉好的機會。

父母永不絕望，而且還能有自知之明，曉得對於子女的教育尚未成功，這倒是一件好現象。因為父母親都在積極、認眞地尋找教育子女的好方法，因此，子女是否能夠受到良好的教育，仍然還有相當轉機的希望。但是，如果父母親已經盡了最大的努力，仍然無法改變事實，這是人力所無法企及的事，形勢既然如此，也就不必過於介意了。

五爻爻辭分析：

為人父母者，對於子女的教育，能夠知道力有未逮、已經無能為力了，此時還能夠知道虛心請教，這是非常好的現象。

五爻爻變「渙」，卦辭分析：

但是，如果自己沒有能力教導自己的子女，又不願意接受別人善意的勸導，由是可知，這種教育注定是失敗的。當一個家庭發生了困難，全家上下都已無心戀家，父慈子孝已經不再存在，這時候父母親應該先努力於家庭的和諧，先要取得全家的向心力，自己本身也要誠懇、正直地，爲全家的幸福而努力，這樣才能再凝聚全家的和睦。

上爻爻辭分析：

教育的目的，是爲了「開啓智慧」，在施教的過程中，父母親千萬不要有負面的表現，應該以正面、健康的行動，作爲子女的表率。

上爻爻變「師」，卦辭分析：

如果父母不能帶頭示範，就會產生「上樑不正下樑歪」的效應。行事不正的父母，不僅不能爲子女做表率，也無能帶領全家的健康、快樂，也就是說，唯有有智慧、行事端正的父母，才有能力組成一個健全的家庭。

案例二：「再嫁」之創傷

友人王小姐，前夫去世，八年後再嫁，後夫不如預期的體貼，對待前夫所生的兒子，已不再像以往那麼疼愛，還有時藉故責罵，爲了這事夫妻已經爭吵多次，夫妻之間已經難以溝通。面對此一情況，王小姐應該如何面對未來人生？

分析：

夫妻之間要相互以誠相待，因爲長期生活在一起的雙方，難免會發生摩擦、產生誤會，這種情形外人無法體會，當事人也解釋不清楚，衹有靠互相體諒，才能長久生活圓滿。因此，此卦宜以「無妄」卦討論。

「無妄」卦，卦辭分析：

夫妻之間以誠相待，才能感化對方，對方才會以眞誠回報，如果內心虛僞不誠，行事必有矛盾，很容易就會被對方所看穿，而會增加了更多的鄙視，造成的誤會、隔閡更大。

夫妻之間產生了隙縫，不該變臉吵翻，這不是解決問題的好辦法，應該多和好朋友請益，接納朋友們的善意勸導，畢竟旁觀者清，可以看出比較客觀的事實。

綜卦「大畜」，卦辭分析：

在一個家庭裡，也要經常學習、接納最新的知識，即使夫妻之間的感情不很好，祇要對方所提的意見好，就應該放棄成見，虛心的接受，對方見到這種情形，也必會感到欣慰，下一次，也還願意把內心的意見說出來，夫妻之間祇要能開口說話，就不會有太大、太難解決的問題。

錯卦「升」，卦辭分析：

夫妻之間不必爭吵誰是誰非，雙方要能保持謙讓、不爭，長久的保持相敬如賓，或是不妨學學「難得糊塗」，凡事不要斤斤計較，就不會引起尖銳的針鋒相對。

初爻爻辭分析：

夫妻之間，無論做任何事都要不虛妄、不矯僞，相互以誠對待，就會內心安適，內心與外表配合一致，行事才會順利自然，不致由於欺騙了對方而產生了不自在。

初爻變「否」，卦辭分析：

如果內心與外表不一致，就會各懷鬼胎、互相猜忌，婚姻生活終生都無法平靜。

夫妻雙方意見不一，二人的思維各取相反的方向，就永遠沒有交點，混亂的家庭就無法得以安寧。

二爻爻辭分析：

夫妻之間噓寒問暖、相互照顧，是發自內心的誠意，夫妻之間的關懷，是很自然的情感流露，絕不是為了有什麼目的才做的，如果夫妻雙方不能完全相信對方，每件事都要防著對方，這種家庭生活實在乏味。

二爻變「履」，卦辭分析：

如果夫妻之間是為了某些目的才結合的，此二人之內心，就不可能純淨、無礙，勢必無法獲得長久、永恆的恩愛。

夫妻長久的生活在一起，每日相見祇有禮貌上的寒暄，這種夫妻之間的相處，更要小心謹慎、相敬如賓，如果行事、思慮縝密，即使偶因不慎踩到了對方的痛點，也要小心翼翼地撫平，不要使得雙方的不愉快繼續擴大。

三爻爻辭分析：

夫妻之間，就算是真誠、無妄地對待對方，也是難免會受到一些無法預料的傷害。譬如，夫妻任何一方並無惡意的一句話，也可能引起對方的誤解，以為在影射他（她）。

三爻變「同人」，卦辭分析：

但是，夫妻之間要把握住最終的原則，儘管免不了摩擦、生氣，最後也不要因此而洩氣，更不要脫口說出絕情的話語。

夫妻之間如果沒有扯破臉，產生利害上的衝突，都必然會相處得愉快、融洽。因此，當有了爭吵的時候，應當檢討發生爭吵的源頭。雙方一旦起了爭執，如果沒有盡力去克服，此時的夫妻雙方，都已不能保持原來君子、淑女的形象，也不可能再談海誓山盟、天長地久的恩愛誓言了。

四爻爻辭分析：

夫妻之間的眞誠相待，要能經得起時間和環境的考驗，能夠長久無妄、眞誠，就可以免除許多無謂的爭吵和憤怒。

四爻變「益」，卦辭分析：

如果，祇是有限度或是有條件下的眞誠，難免會被對方懷疑其誠意的眞僞。假如，夫妻雙方已經互相起了疑心，這時候就要更小心，夫妻之間所做的任何一件事，都要能有益於雙方，如此才會得到雙方的喜悅，尤其是利益方向一致，才會二人同心、力量倍增。

假設某次，對方的某項作爲實在不能獲得自己的認同，而自己卻肯以收斂的態度支持對方，下一次，對方也會以相同的感激回報。

五爻爻辭分析：

眞誠之極，也會產生一些後遺症和缺點，因爲，即使夫妻之間，也難免各有一些不便啓齒的私人秘密。如果這些缺點也造成了一些不愉快，此時不必太在意，這種小問題，通常都會不藥而癒。

五爻爻變「噬嗑」，卦辭分析：

如果過份計較這種眞誠，就會莫名其妙造成了另外一些爭執。夫妻經常爭吵，家庭糾紛不斷，實在無法再溝通的時候，最後就會走上法律途徑，由法律仲裁應該服從的做法。

上爻爻辭分析：

縱然夫妻之間相互以眞誠相待，但是如果某一方曾經在行爲上發生過缺失，就難免會影響日後的夫妻關係和信任度。

能夠不計較過往，完全忘記對方曾經的失誤，雙方都要有這種胸襟，婚姻才能長保美滿幸福。

上爻爻變「隨」，卦辭分析：

夫妻雙方各自盡心盡力，扮演好自己該盡的本份，不做愚蠢、事後會懊惱的事，體諒寬恕、重情重義，如此能夠不計較前嫌，任憑是鐵石之人，也會受到感召，如此就可長保婚姻美滿幸福。

案例三：「心血」不見了

黃小姐剛從大學畢業，在一家科技公司上班，平日的工作是負責行銷案的規劃與推動。有一天，黃小姐所規劃的一個企劃案，被她的組長李小姐知道了，李組長假意的說，有記者想要採訪，因此要黃小姐把資料交給她。

事後，黃小姐竟然發現，李組長私下把該企劃案交給了該組另一位小姐承辦。黃小姐辛辛苦苦蒐集的心血，就此莫名其妙地不見了，甚至連一聲招呼都沒有，心中難免一口怨氣。如果你是黃小姐，你應該如何面對此一問題？

分析：

黃小姐的內心一定感到不舒服，一方面覺得很不合理，自己所蒐集的資料，竟然就這樣不明不白地交給了另外一個人；另一方面，黃小姐對於自己的組長感到了寒心，爲什麼會對自己如此不公平？以後再相處下去，會不會還要受到更多的排擠？

黃小姐面對自己的頂頭上司，能不能據理力爭？或是暫時隱忍，以待良機？以此種情況分析，此問題宜以「遯」卦討論之。

「遯」卦，卦辭分析：

黃小姐不必和李組長正面衝突，以免李小姐的自尊心受損，為了報復，說不一定會利用職權，在工作場合上，再找機會修理黃小姐。

能忍則忍，退一步海闊天空，等待以後更好的時機，再做進一步的打算。

綜卦「大壯」，卦辭分析：

儘管任誰來評斷，都會認爲這是李組長的處理不當，黃小姐也不必理直氣壯地，和李組長發生正面的衝突，以免破壞了團體的整合力量，此時宜以大局爲重，爲了公司的和諧，不必把個人的「利、害」渲染到整個公司。

錯卦「臨」，卦辭分析：

李組長應以公正無私的態度領導全體同仁，否則，衝突矛盾的勢力無孔不入，無聲無息地就開始分化該組的和諧；其他同仁也會對於主管的領導能力產生了疑惑。

初爻爻辭分析：

黃小姐一開始就不要強出頭，也不必還想力爭公平，如果力爭而吃了虧，才想到隱忍，就已經來不及了。這時候，公司裡各單位之間將會充滿了忿怒之情，甚至也會有人伺機挑撥，擴大危機，險象環生。此時，縱然感到事情都已經發生了，也仍然要以隱晦爲佳，不宜爭吵，「靜」可免災，「動」則招禍。

初爻爻變「同人」，卦辭分析：

實在忍不住，還是想要爭一番眞理，此時，也應該考量到，同一單位的同事之間要能互助合作、同心協力，大家都像一家人一樣，大事可以化小，不要像對待仇人似的，要有「同理心」替對方設想，就沒有解決不了的難題。

二爻爻辭分析：

黃小姐要忍，就得忍得徹底，不要稍有刺激，又忍耐不住，而發出不平之怨言。牢騷會有傳染性，不僅自己的情緒不好，也會降低整個辦公室的氣氛。

二爻爻變「姤」，卦辭分析：

忍不住氣，就免不了會發牢騷，如果此時有人仗義執言，也幫著一起來批評李組長，甚至也批評公司的苛刻制度。若有此種情形，千萬要提高警覺，外人無法揣測這位正義之聲他眞正的用心，因此，不可貿然與之連聲一氣。

三爻爻辭分析：

既然下定了決心不再爭論，也不再要求正義、眞理，就不必在乎別人是否得到了什麼好處。此時，要能眞正地安定下心志，每天祗要著力於充實自我，就不會招人疑忌，而再受到迫害。

三爻爻變「否」，卦辭分析：

如果還是擱不下心中的塊壘，結果又會發生爭吵，公司裡難免有人支持黃小姐，也有人偏向李組長，自此，這家公司頓時形成一片混雜爭鬥的亂象。

四爻爻辭分析：

能完全拋開名、利、好、惡，不是普通人能做得到的，也不容易做得很徹底。黃小姐必須下定決心，毅然決然地，如同遁入空門一般地拋開所有的牽掛，否則，不愉快仍然會如影隨形，接踵而來。

四爻爻變「漸」，卦辭分析：

人非聖賢，似乎一般人也都無法做到了無痕跡地把內心的憎恨、喜怒就此割捨掉，總是要花點時間，循序漸進，慢慢地自我要求。這是一種正向而光明的、自我心性的修練。

五爻爻辭分析：

要很自然地把不愉快都忘掉，不要讓別人感覺到似乎是出於無奈、被迫的隱遁，要心無罣礙、不為外務所煩心，是為了順心、健康，不是為了做作或賭氣。

五爻爻變「旅」，卦辭分析：

如果個性激烈，一時不能忘懷這些不愉快的往事，不妨把這件事想成是人生難免的、不愉快的一個插曲，就像人生的旅途中，總是難免有些坎坷之路，要能隨遇而安、不必過份計較。人生美好的一面，才會充實、凸顯出意義。

上爻爻辭分析：

能夠眞正坦然地不再計較這段不公平、不愉快的往事，而且還能控制自如，不致影響內心的自主性，還仍然具有不變、向上的衝勁兒，這才是不會受傷的隱遁。

上爻爻變「咸」，卦辭分析：

如果黃小姐一直念念不忘所受的委屈，卻又很理性地，能夠和李組長融洽地懇談，而且也能獲得了李組長的諒解，這時雙方都能坦誠相向，互相爲對方的眞誠無私而感動，雙方因此就會成爲莫逆的好朋友。

案例四：媳婦難爲

美雲和鄭先生相識、相戀了兩、三年，終於也如大家所期待的，共同牽手步入了紅毯的另一端。

婚後，小倆口和寡居多年的婆婆同住在一棟公寓裡，美雲也都知道善盡媳婦的責任，早晚問安、噓寒問暖這都是少不了的。起初，美雲總是覺得婆婆不太愛說話，日子久了，美雲又感覺出婆婆對她特別冷淡，甚至有話都不直接開口，還要靠著鄭先生居中傳話。這是怎麼一回事？美雲深深的感到難過和害怕，不知道哪裡得罪了婆婆，自己竟然都不知道，以後的日子該怎麼辦？

分析：

婆媳之間的問題，一向是中國千百年來根深柢固的老問題，其間的困擾，難以用單純的常理來推論。婆婆理應是媳婦的第二個媽媽，再加上鄭先生，共同組成了一個新家庭，大家共同生活在一起，就是一家人，因此，此一問題，宜以「家人」卦分析之。

「家人」卦，卦辭分析：

在一家之中，做媳婦的要能勤儉操持、克盡婦道，不僅每天要對先生噓寒問暖，而且每天也要抽空陪著婆婆聊聊天，這個家庭才會溫馨，顯現出一片安寧祥和。

綜卦「睽」，卦辭分析：

有些家庭中的媳婦，不能做到讓婆婆一見就歡心，或許是不夠甜言蜜語，使得婆婆感到不愉快。一旦老人家心中有了芥蒂，以後就不太容易再美滿得和睦融融，爲人晚輩的媳婦，祇好盡力做好本份，盡一些孝心罷了。

錯卦「解」，卦辭分析：

婆媳之間的不愉快不容忽視，應該及早正視、因應，才可能有機會清除這些影響和睦的不良因素。有些不愉快的問題，不是很明顯的可以看出什麼原因，甚至於生氣的當事人本身，也說不出來究竟哪一點使她不高興？如有必要，應該請教專門醫師或是心理專家。

初爻爻辭分析：

一個家庭剛剛組成的時候，由於家庭份子背景不同，各人的習性亦皆有異，爲了避免以後發生誤會，此時最好大家能夠開誠佈公地，徵求了婆婆的同意，把家庭中應該共同遵守的規定訂好。有話當面講明白，千萬不要擺在心裡，容易引起胡思亂想。

初爻爻變「漸」，卦辭分析：

如果事先不容易先把規矩訂好，就應該循序漸進，表現出媳婦對於婆婆的愛與關懷，婆媳之間常把「感謝」掛在嘴邊，讓全家都能做到「歡喜付出、甘願承受」。

二爻爻辭分析：

媳婦在家裡祇要管家務事就行了，不必多加干涉先生的事業，這樣就不至於由於管得太多，引起婆婆疼愛兒子，而心生不滿。一直和兒子相依為命的婆婆，驟然間，兒子的公、私生活全都被媳婦佔據了，婆婆一句話也插不上嘴，她當然不會高興。

二爻爻變「小畜」，卦辭分析：

如果夫妻相處親密無間，妻子也免不了常會參與先生的社交生活，此時應該有所節制，不宜介入太多，不要忽略了全家、三個人之間的平衡。但是，也不可能完全漠視先生的想法，此時，祇要微微的表現出關心即可。

三爻爻辭分析：

男主人為了調劑家庭氣氛，不宜表現得太嚴肅，也不宜太過放縱，在家裡不容嬉笑吵鬧，破壞了家庭的安詳氣氛。如何保持最佳的風趣，需要適度的拿捏，以媳婦的立場，就應該把握此一原則，隨時勸導先生的態度。

三爻爻變「益」，卦辭分析：

家中的每一個份子，他們的所作所為，都是為了全家有益的事，如果心向全家、對大家有好處的，要體諒男主人的個性和工作的辛勞，儘管男主人有點嚴肅，也是可以體諒的。

四爻爻辭分析：

任何人能夠設法使得家庭生活更富裕，這就是最有利於全家幸福的事，當然，也就是媳婦該努力的做法和方向。通常老年人都比較節儉，因此，作媳婦的也要有節儉的習慣，雖然媳婦不能在經濟上開源，至少要做到能節流。

四爻爻變「同人」，卦辭分析：

即使沒辦法使得家庭更富裕，也要盡力維護全家的和諧，媳婦和婆婆務必要有相同一致的觀念和步驟，因此，作媳婦的就要努力地配合婆婆的好惡。

五爻爻辭分析：

政府各有關單位也應倡導處處都是快樂家庭，並重視和睦幸福的家庭，規劃制定相關的福利措施，鼓勵追求愉悅的人生，如此蔚成風氣，相互效法，推廣的效果更為快速。另外也鼓勵年老的婆婆，參加各種「長青班」，積極學習，促使青春常駐，激發婆婆活潑的生活。

五爻爻變「賁」，卦辭分析：

如果對於婆婆不是發自內心的尊敬，即使政府再努力地推動幸福家庭，也無法做到深植婆媳內心的孺慕親情，表面上的尊敬所顯示出的效力畢竟有限。

上爻爻辭分析：

家庭中的每位成員，做事的態度和出發點，都應眞誠無僞，共同爲了全家的幸福而努力，每個人都要認眞積極，不要有「這是別人的家」的想法，對於這個家的任何點滴，都不可輕侮怠慢，才能使全家感到有安全感。

上爻爻變「既濟」，卦辭分析：

如果媳婦疏忽了日常的小節，總認爲自己問心無愧，因爲以前對自己的媽媽，都沒有那麼問候周到，因而以後開始偷懶，忽略應有的噓寒問暖。雖然，似乎是小事，但是久而久之，又會演變成婆媳不合的肇事原因。

案例五：「夢想」暫時延緩

李先生是一位殷實的公務員，有一份穩定的收入。工作勤奮的李先生，一生有一個夢想，他想，能有一天存夠了錢，和妻子一起開一間小吃店，圓一圓當老闆的夢。當他和妻子省吃儉用奮鬥了多年，終於存夠了錢，李先生興奮的想著，夢想就要實現了！

不料，李先生的大哥因為經商失敗，向地下錢莊借了二十萬元，加上高利快要到五十萬元了，李先生的大哥向他求援。李先生很想把開店的老本借給自己的大哥，但是李太太卻相當不高興。李太太認為，不知道大哥什麼時候會還錢；如果把錢借給了大哥，夫妻二人開店的夢想，不知道又要延後到什麼時候？

李先生左右為難，一個是自己的大哥，一個是結髮的妻子。李先生應該如何面對此一問題才好呢？

分析：

錢財乃身外之物，如果能解救大哥危難，即使自己的夢想要延後幾年，也是值得的。如果這時候不照顧自己的大哥，使得親人因而吃苦受難，恐怕李先生的內心也不會好受。

目前，李太太會反對，純粹是狹隘的想法，祇要李先生好好地向妻子解釋，相信妻子必會諒解，而且也會慶幸，因為一個有同情心的人，就不可能會對妻子不好，李太太能想到這一層，就會心甘情願的同意把錢借給大哥。

表面上，似乎是損失了五十萬，然而親情必定更親，其中可以換得的友愛，絕對比五十萬更重要，雖有損失，卻是有益，因此本問題宜以「損」卦分析。

「損」卦，卦辭分析：

李先生損失了五十萬，祇要是他心甘情願的幫助，是以至誠對親人的照顧，就算是拿不回來這五十萬，在精神或親情上的收穫，所獲得的收益，絕不祇是表面上所見到的數字而已。

綜掛「益」，卦辭分析：

李先生把五十萬元先拿給大哥周轉，可以幫助大哥全家度過難關，委屈自己一下，可以成全更多人受到照顧，這些親戚必定都會感激不已。

錯卦「咸」，卦辭分析：

如果能夠看得很開，李先生用五十萬元很誠意地為了大哥的生活解困，就一點也不會感到有損失，親情必定更為融洽。然而用這五十萬元，就想要求別人低聲下氣，目中無人，頤指氣使，縱然是出了錢，別人也不會感激的。

初爻爻辭分析：

一旦決定了的事，就立即執行，不要牽扯不斷而生煩惱。就算是起初的決策不很好，也不必介意，要能堅持一貫的行爲，即使有一些小損傷，也是無妨的。

初爻爻變「蒙」，卦辭分析：

做錯了決定，自己能夠知道錯誤，這是很好的現象。根據做錯的結果，再請教專家，要認眞地檢討、改進缺失，才會有理想的結果。

二爻爻辭分析：

把錢借給了大哥之後，如果事後又感到了後悔，無論如何，也不可以開口討回借款，否則將會傷害到親情，而且原先的善意全部泡湯，反而增加了無盡的怨恨。

二爻爻變「頤」，卦辭分析：

如果李先生自己也爲了生活，不得不開口要回借款，就應該光明正大地說清楚，若是不敢正面開口，就容易產生誤會。

三爻爻辭分析：

做事就要光明磊落，無事不可對人明言，若有私心暗藏，反而也會覺得別人都在算計他，如果遲遲不知如何是好，李先生應該找志同道合、而且能夠幫助解困的朋友，把問題說明，拜託大家共同提供解決問題的好辦法。

三爻爻變「大畜」，卦辭分析：

如果暫時沒有合適的朋友，就應該去請教專家，研究此一狀況應該如何解決。

四爻爻辭分析：

李先生的策略，應該把整體的「痛苦」指數減到最低點，並且想辦法轉移目標，設法增加令人愉快的訊息。

四爻爻變「睽」，卦辭分析：

如果李先生不能轉移失去五十萬元的痛苦，勢必已經影響了親情，和大哥之間已經不可能再像以往的合作無間，此後即使再有好機會，都不必再想合作了，親情手足一旦割斷，整體團結的力量就少了一大半。

五爻爻辭分析：

其實，李先生即使眞的減損了五十萬元，也不見得就一定不好。人求人、需要互相幫忙的機會還很多，說不一定哪一天，李先生也會求到大哥的幫忙。事先能夠保守、謙讓一點，就不至於到時候後悔懊惱。

五爻爻變「中孚」，卦辭分析：

如果李先生根本不需要別人的幫忙，然而，他的五十萬元已經發揮了最大的助力，當別人在最困苦的時候，能夠及時伸出援手，這種誠意的幫助，任誰都會永遠銘記在心。

上爻爻辭分析：

就算是把五十萬元無條件的送給了大哥，李先生的犧牲比起大哥的解困，顯然小得多，整個家族因而不必愁雲慘霧，這種正面、積極的示範，不僅是手足間的親情，更是爲下一代子孫，做了健康、有意義的表率。

上爻變「臨」，卦辭分析：

如果，李先生甚至李太太就是想不開，不捨得把錢幫助自己的親人，當他們年輕或是身體健康的時候，還感覺不出親情的重要，一旦步入老年，當他們需要人情溫暖的時候，那個時候就會看出當年的吝嗇發酵至今的後果。

案例六：不要急著賺大錢

當經濟不景氣的時候，吳先生的家庭生活也頓時受到了影響。吳先生的本業因爲常被客戶跳票，於是決定小本經營，開一家泡沫紅茶店，不僅可以快速地收到現金，而且也不怕客人不付錢。

開了一家泡沫紅茶店，沒有多久，果然家中的經濟情況大有好轉，但是貸款的壓力仍然存在，吳先生想再多開幾家泡沫紅茶店，以爲這樣就能把經濟和貸款問題一次解決了。

吳先生的想法正確嗎？他應該怎麼辦才好？

分析：

凡事要能循序漸進，第一家泡沫紅茶店剛剛開張，許多業務的情況尚未完全掌握，就想再開第二家、第三家……，如果都開張了，難免每家的經營都會一團混亂，不太可能都像第一家那麼順利。

吳先生原本不是經營泡沫紅茶的專業，半途轉業，就應該循序漸進，慢慢地學，慢慢地進入狀況。因此，此問題宜以「漸」卦討論之。

「漸」卦，卦辭分析：

做生意也要循序漸進，經營的事務還不太熟悉，就不要好高騖遠，立刻就想開第二家。經營面太大，超過了個人的能力，其效果將呈負向發展，而且經費的準備更是難以解決的困難。

綜卦「歸妹」，卦辭分析：

開第一家泡沫紅茶店，非常興奮，全家都很願意賣力投入，但是，若再開第二家、第三家……，不僅新鮮感已過，而且每天還要要勞心、勞力，要為未來的市場擔心，為資金的調度傷神，這種勉強性的經營，不適合新入行、經驗不多的人參與。

錯卦「歸妹」，卦辭分析：

同綜卦。

初爻爻辭分析：

初創業，本來應該循序漸進，穩紮穩打地經營，但是免不了有人會感到不耐煩，想要一步登天。此時，企業的經營者必須要堅定立場，按照既定的規劃逐步進行，不受外力的影響。

初爻爻變「家人」，卦辭分析：

如果想要快速的發展，很容易遇到財務、人事上的困擾，除非這個經營的團隊，能有一個克勤克儉的、主持大局的領導者，才不會發生重大的經營危機。

二爻爻辭分析：

剛開始經營泡沫紅茶店的時候，由於新入行，免不了還有些不熟悉的地方，慢慢的穩定之後，一切就會上軌道了，不必太擔心。

二爻變「巽」，卦辭分析：

即使各種經營的技巧都已經上手了，也不再像初入行般的生疏，此時仍然應該注意「謙遜」，因爲「和氣才能生財」。

三爻爻辭分析：

經營泡沫紅茶店的過程中，也會發生經營上的判斷錯誤，一旦發覺錯誤，就要趕緊穩住經營的進行，先找出出錯的地方，然後設法改進。

三爻變「觀」，卦辭分析：

如果經營期間並沒有發現判斷上的錯誤，或是尙未找出改進的措施，此時應該蒐集必要的資料，認眞地分析各種可能情況，一旦遇到狀況，才有可能採取應變措施。

四爻爻辭分析：

按部就班的進行經營規劃，期間，就算是偶爾有些許的變動，祇要不會動搖經營的根本，就不會造成太大的錯誤。

四爻爻變「遯」，卦辭分析：

如果已經覺察出經營的大環境發生了重大的變化，就要採取守勢，不宜再增資，不宜貿然跟進，要處處忍讓，不要爭強好勝，以免陷入無法自拔的泥沼。

五爻爻辭分析：

在經營的過程中，如果遇到某些投資方案，很久都不見利潤成果，其實這是正常的現象，不必過於恐慌，還是要堅守既定的政策。

五爻爻變「艮」，卦辭分析：

如果投資的計畫實在無利可圖，卻又可惜而不肯放手，此非明智之舉。此時，一定要當機立斷，不要受到事物的表象所影響，祇要覺得該做的，就要堅定信念大刀闊斧地做下去。

上爻爻辭分析：

逐步地、循序漸進地經營一個企業，這是循規蹈矩的經營，這種做法的風險性最小，值得後進經營者的效法和學習。

上爻爻變「蹇」，卦辭分析：

在不景氣的環境下，也不宜墨守成規、一成不變。面對困難的時期，大家都要共體時艱，此時的公司領導者，尤其需要一位有經驗、有能力的專家，帶領大家度過難關。

案例七：「求學」不是爲了混文憑

長春大學進修部中，有一位在職專班的游同學。他在社會上已經有了相當的地位，爲了想獲得一張文憑，也想盡了辦法，進入了長春大學企管系就讀。

或許是平日工作太忙，沒有時間唸書，也可能是以前的學術基礎並不紮實，又離開了書本太久，乍一拿起書本，倍覺吃力。因此，每次上課總是藉故翹課，他的家庭作業，也自然會有一批趨炎附勢之輩代爲操作。許多授課老師礙於情面或是懾於淫威，也不敢給不及格。

此種情形已經引起了許多同學的不滿，因爲長此以往，不僅敗壞了學校的學習風氣，而且更不公平的是：游同學從來都不來上課，他的課業成績竟然還名列前茅，有些同學已經反映出內心的不滿，質疑這個學校還值不值得再唸下去？

面對此種情形，該校企管系系主任應該如何面對和處理？

分析：

這種情形反映出，當下的教育環境和價值觀的認知發生了錯亂。企管系主任負責該系之教育，應當責無旁貸、義正辭嚴地提出整飭混亂的規劃。因此，此一問題宜以「蠱」卦分析之。

「蠱」卦，卦辭分析：

教學評分，當然要有遵行的尺度，絕不能顛倒是非，不來上課、不寫作業，也能得到高分。因此，教學評分制度的維持，企管系應該嚴格的要求，另外，也要要求教師們的教學品質，和同學們的認眞出席率。

綜卦「隨」，卦辭分析：

企管系主任嚴格地要求學生認眞出席，是盡心盡力地做他份內該做的事，合於學校的法規，合於教育的立場，縱然有些人會感到不高興，此時也開不了口。

錯卦「隨」，卦辭分析：

同綜卦。

初爻爻辭分析：

企管系主任認眞地要求教育品質，甚至也整頓了其他主管未能嚴格之處，縱然免不了會有得罪他人之處，這卻是眞正消除錯誤、整飭教育行政的認眞做法。

初爻爻變「大畜」，卦辭分析：

企管系主任在還沒有嚴格地執行校規之前，先要請教學校的各級長官，並且聽從他們的教誨，接受有意義、正向的建議，而不是盲目地，為了表現「義正辭嚴」，而大刀闊斧地蠻幹。

二爻爻辭分析：

有一些潛在的問題，其眞正的內涵絕不是表面上所見的現象，或許還有一些難言之隱，一時也不便解釋。企管系主任執行校規時，也應有所考慮和包涵。

二爻變「艮」，卦辭分析：

瞻前顧後，就會畏首畏尾。因此，要想眼不見、心不煩，一切都能順利地依法行事，就要能摒除一切足以迷亂心志的接觸，絕不留戀聲色、淫亂的場所，稍一不愼，落入了有心人的陷害，所有的嚴格要求都將無法進行。

三爻爻辭分析：

企管系主任嚴厲地整飭校規，難免也會牴觸到某些同仁的行事風格，但是，無法顧慮得太完美，此時祇有盡心而爲，但求盡其在我，認眞、嚴正，終會獲得大多數人的諒解。

三爻變「蒙」，卦辭分析：

如果顧慮太多，難免會綁手綁腳，影響執行任務，甚至會懊惱得不知所措。此時最好先把內心靜下來，愼重地思考問題的頭緒，再向高明專家請教，仔細思考究竟應該怎麼做才好。

四爻爻辭分析：

企管系主任爲了端正學校教育制度，一定要嚴格地糾正過去的失誤措施，絕不可爲了怕得罪某人或是礙於情面而畏首畏尾。

四爻爻變「鼎」，卦辭分析：

爲了不使某些人產生誤會，企管系主任不必針對某一特殊方案處理，不妨整體性的檢討，重新調整學校的教育施政策略。

五爻爻辭分析：

認眞地整頓過去的教育失誤，祇要是該做的，就放手去做，祇要是合理、有意義的事，相信對於大部份的人都有正向的意義。因此，無論會得罪什麼人，都必然會得到大家的認同。

五爻爻變「巽」，卦辭分析：

如果不能大刀闊斧地整頓教育缺失，也不妨用委婉的建議，先以勸導的方式，再慢慢地調整缺失。當然，這種迂迴方式的功能，不可能有多麼了不起的功效。

上爻爻辭分析：

爲了整飭學校的教育，不求名利、不求功賞，盡本份、純奉獻，這才是犧牲奉獻、盡忠職守的精神。

上爻爻變「升」，卦辭分析：

如果，企管系主任由於整飭教學有功，也得到了長官的賞識，不論以後發展如何，千萬也不要辜負當日的精神，不要忘了曾經支持的鼓勵，永保正直光明的行事。

案例八：李教授的生涯規劃

李教授事業順利，具有管理科學的學術專長，其好友王先生在中國大陸開創事業，多次力邀李教授，放棄台灣的教育事業，想挖角到王先生的公司，協助開辦業務。

此時，李教授尚未達到退休的年齡，要他毅然地放棄即將可以得到的退休金，難免覺得很可惜，但是他的內心也實在很想去大陸，再開拓第二個事業的戰場。

此時，李教授應該如何面對此一問題？

分析：

李教授之所以拿不定主意，主要是因爲對於未來的情況沒有把握，因此還需要一段時間觀望，再看一看海峽兩岸的政治情勢、雙方的政策變化情形。因此，不宜立刻驟下結論。此卦宜以「觀」卦討論之。

「觀」卦，卦辭分析：

李教授尚未下定決心，還在觀望的時期，此時祇要表示出願意到大陸發展、表現出有興趣就可以了，不必立即辭去教職，馬上加入王先生的公司行列，萬一局勢並不如想像中的理想，再想恢復教職，可不是很容易的事。

綜卦「臨」，卦辭分析：

李教授應該仔細地觀察王先生的領導風格和能力，當他遇到危機的時候，王先生是否仍然能夠保持理直氣壯、正大光明？如果王先生的準備並不充分，遇事就顯出手忙腳亂的樣子，這種領導者，似乎不值得投效。

錯卦「大壯」，卦辭分析：

如果李教授自認爲學術能力都很強，不顧一切地就毅然決然地加入王先生的團隊，此時最要注意的是，團隊中每一個份子的結合，唯有大家團結，才能發揮力量，千萬不要自視太高，處處自覺高人一等，如此將易遭人嫉妒陷害。

初爻爻辭分析：

李教授是有知識、有見識的人，觀察事物不能草率、幼稚，也不能意氣用事，否則，就可能遇到挫折，而且很丟臉的，吃了虧不好意思開口，也將無處投訴。

初爻爻變「益」，卦辭分析：

將來李教授到大陸發展，所從事的工作如果是對於王先生和李教授雙方都有利，利益方向一致，就會有共識，就能克服任何困難，雙方就有可能合作得愉快。以李教授的專長來說，王先生能請李教授擔任有關管理方面的事務，李教授就能勝任愉快，如果要李教授處理非他本行的業務，不僅績效不好，而且工作也很無趣。

二爻爻辭分析：

試想，李教授將來在王先生公司的工作性質或重要度，如果不是獨當一面的核心幹部，就不必過份關心公司的事務，祇要順便瞭解一下重大的決策就行了，不可堂而皇之的參與討論，以免造成王先生與李教授之間的誤會。

二爻爻變「渙」，卦辭分析：

如果李教授非常執意地硬要加入重要會議的討論，很可能會形成尷尬的局面，這是不智之舉。假如公司遭遇了困難，人心都已經開始渙散，此時李教授難免會感到疑惑，為了減輕誤會，王先生最好能主動地設法說明，或是主動解決困惑。

王先生可以藉助各種名義，使用任何方法，重要的是，要讓大家有向心力。為成就大事業，免不了要承擔一些大風險。

三爻爻辭分析：

李教授應該審度自己的狀況，考慮家庭的情形，再決定該不該到大陸去發展。當家庭很需要李教授的照顧時，李教授就不能完全放心的跑去大陸尋求發展。

三爻爻變「漸」，卦辭分析：

如果李教授沒有愼重地考量本身的情況，就貿然地決定了自己的方向，其前途必定一片茫然，無法預估。由於李教授的草率，對於本身的前途並不是馬上就能看得很清楚，而是要像漏水一樣，慢慢地滲透進去，直到最後才能看得明白。而在慢慢明白的過程中，要能守住正直，遵循正統的道德，以後的行事才能有所依循而順利。

四爻爻辭分析：

李教授應該先觀察王先生的公司，如果公司的規模、制度都已上了軌道，就可以放心地投身效命，如果公司的狀況尚未穩定，不必急著決定。

四爻爻變「否」，卦辭分析：

如果李教授並沒有謹愼地觀察，就盲目地投入了王先生的公司，其後果難免會吃虧上當。

假如王先生的公司制度並不健全，也還不上軌道，公司內部必然充斥著很多不合宜的人員，他們並不以公司的前途著想，而是各懷鬼胎，各爲自己的私心在打算。在這個人心與制度都不健全的公司裡，絕不會有光明的前途。

五爻爻辭分析：

以公司職員的立場來看王先生，如果他果眞能夠做到一位公司領導人的角色，他能善盡領導人的職責，並沒有投機、炒短線的行爲，確實是爲了公司的前景在作打算，這就是一位好的領導人，這是值得考慮投奔的理想對象。

五爻爻變「剝」，卦辭分析：

如果王先生並不是一位有理想、有遠見的企業家，這個公司也不會經營得太長久。

當公司的經營已經不能振作、毫無起色時，此時就不要再一廂情願地，費盡心思還想獨力積極奮鬥。最好什麼都不要做，免得多做多錯。

上爻爻辭分析：

觀看王先生公司內部的情形，看每位員工的狀況，如果大家的工作情緒都很高昂，公司的待遇高、福利好、有前景，這就是一個好公司，值得大家去投效。

上爻爻變「比」，卦辭分析：

如果公司的員工工作並不積極、態度散漫，這是公司沒有良好前景的徵兆。

觀察王先生的做人態度，看他能不能做到寬大、正直和端正的品德，如果都具備了，這個朋友值得交往，可以放心地把精神交付給他。如果，王先生祇是爲了某些目的才來交朋友，這種朋友不值得交往，爲了利用價値才交往的朋友，其中眞正友誼的成分所佔幾微。

案例九：「資格老、後台硬」

某單位有位李先生，仗著資格老、後台硬，經常不按照公司既定的規定制度行事，常常巧立名目，認爲舊制度不合理，不必遵守，應該廢除。身爲主管的王經理屢次看在眼裡，每次都想開口糾正他，卻又怕引起不服的爭吵，本想不去理會他，但是，如果就這樣放縱他，又怕會引起其他同事的議論，大家都這樣效法的話，這個公司就無法運作下去了。此時，王經理應該如何處理此種事件，才能使得公司的運作正常，又不至於引起爭吵和不服？

分析：

公司既定的制度，大家都應該遵守，若有人不遵守，單位主管也不聞不問，將會造成沒有制度規範，公司將是一片散沙，毫無競爭力可言。此事件屬於秩序、制度問題，宜由「井」卦開始討論。

「井」卦，卦辭分析：

不論什麼人管理一個公司，都要遵守井井有條的法令制度，否則，就會有人甚至是公司受到傷害，而且危害之深度、影響層面，將會超出想像之廣。

綜卦「困」，卦辭分析：

窮困之時也要堅貞節操，即使在很紊亂的時期，也要能井井有條的遵守秩序，不變志節，也就是說，即使公司之經營不景氣，或者某人心情不好，都不能忘卻應該遵守的公司法度。

錯卦「噬嗑」，卦辭分析：

極度地相反，若以嚴刑峻法規定、管理，將會造成更大的混亂，或是引起更多的糾紛爭擾。因此公司的主管要設法讓大家很自然、願意地遵守公司的規定，絕不是以霸道式的強迫手段。

初爻爻辭分析：

陳舊、落伍的制度該要淘汰了，就不能再繼續用下去。當有人開始質疑時，就應該考慮到，是不是有些不便之處，甚至是否還有不符法令之處？

初爻爻變「需」，卦辭分析：

該單位有些地方未能隨時更新、調整制度，亦即還是引用著陳舊的制度，並未順應潮流或是強硬地根據國家的法令，對於舊制度想作適當的修訂或補充，此時必然會引起不滿的爭議。對於已然發生的問題，不要草率地、想當然耳，就按照舊制或是過去的經驗處理，要等待適當的時機，謹慎小心、事緩則圓，而且，做人做事的過程中，仍然要有誠信，行事也要謹慎。

一爻爻辭分析：

不切實際的秩序制度，應該設法修訂、調整，不能再繼續引用下去，不能盲目地要求大家遵從不合理的規定。

一爻爻變「蹇」，卦辭分析：

但是，此時對於不合理的制度並未檢討改進，也未能進行慎重的思考，陳舊、落伍的，當然應該革除，然而，新的辦法尚未來得及規劃，舊法又已經不適用了，進退兩難之際的此時，應該拜請一位德高望重的長者，或者是具有公信力的學者、專家，帶領大眾團結一致，設法解決或溝通問題。此時，要特別注意的，大家都要奉公守法，不要鉤心鬥角，務必團結一致，才能凝聚力量。

二爻爻辭分析：

當公司的秩序制度已經有所改善了，各單位主管都應該帶頭去執行大家所認同的新制度。如果還有人在遲疑，剛剛凝聚的力量又將會分裂、瓦解。

二爻爻變「坎」，卦辭分析：

但是，如果其他主管們並未隨著調整而有所因應，也沒有帶頭執行新制度，新制度並未能發揮作用，新制度的執行也就不會順利，因而又帶來了主管的困擾。其實，此時倒也不必過份擔心，祇要都能眞心誠意，行端立正，也還能解決許多問題。

四爻爻辭分析：

爲了維護制度之運作順利、無礙，應該規劃有配套的保護措施，才可能使此制度不致遭致半途而廢。

四爻爻變「大過」，卦辭分析：

但若遺憾而可惜的，竟然疏忽了保障的應變計畫，就會使制度之推行遭受到許多阻礙。不過，縱然沒有刻意的保護措施，祇要中庸而行，執行者不偏無私，所做的一切都是爲了公司的利益，絕無私人感情用事之處，就會使人心悅誠服，就可以得到大家的協助和認同。中正之道是充分條件，否則仍然會有窒礙難行之情形。

五爻爻辭分析：

如果制度訂定得過份嚴苛，大家就會覺得執行不便，免不了又會心生怨恨，但若太鬆散，又起不了作用。因此，如何拿捏得恰到好處，也是公司主管需要費心思考的地方。

五爻爻變「升」，卦辭分析：

但是此時全公司裡竟然並沒有人認爲這是很嚴苛的制度，也沒有人提出反對之聲，當然也不會引起眾人的怨憤。能夠造成裡外上下一致支持的制度，則必然進行無礙、辦事順利。以此時之氣勢、強健的自信心，再加上光明磊落、無愧無私的行事風格，向上級建議事情，必然都會順利地採信，而且還會受到賞識，因而得以晉升。

上爻爻辭分析：

當此革新的制度發生了功效，就應該再接再厲，鼓勵大家共襄盛舉，共同發揚光大此制度的優點。打鐵趁熱，再加強宣導並主動思考，是否還有未完善、需要改進的地方。

上爻爻變「巽」，卦辭分析：

萬一，很遺憾地，未能有效地推廣，也未能立即使得大家欣然接受，顯然此一制度尚未規劃完全，仍然有待商榷，可能還有未盡理想之處。不足之處自己應該有所分寸，此時應以謙讓之態度，低調處理制度之規定，但是，這種緩衝之計雖然可以應付一時，然而謙遜之德也衹能處理一般事務，畢竟不足以成就大器，爾後仍然需要拜求一位具有卓見、智慧的專家，並且重新規劃，建立弘遠的新制度。

案例十：提高醫療服務

楊清大醫院一向注重病患的權益，自院長以下，每位醫護、行政服務人員，都被再三要求，爲了保障就醫病患的權益，必須以病患的滿意度作爲提供醫療服務的準則。

其實，無論哪一所醫院，必然都會將病患的權益放在第一位，爲了改善醫療流程，醫院常會要求全院的同仁，經由腦力激盪的方式，將其平時提供醫療服務時與病患接觸的經驗、所發生的問題，歸納整理、檢討、提供最佳的解決方案。

楊清大醫院的院長也蒐集整理了許多過去的經驗，試問該醫院院長，應該如何要求該院提高醫療服務的滿意度？

分析：

醫院裡的醫務人員除了爲病人治病，也還要擔負作爲病人好朋友的身分，不時的要傾聽病人的抱怨，並且還要有傳教士悲天憫人的胸襟。

大部份醫院裡的醫務人員都很明確地知道自己的角色，也都能很認眞地這樣做，但是，仍然難免有未能盡善盡美之處。因此，本問題宜以「心誠意感」的「中孚」卦分析討論。

「中孚」卦，卦辭分析：

醫療人員對待病患，要能發自內心的誠意，病患們希望見到一位能尊重病患及家屬、能主動打招呼、態度謙虛誠懇、和藹可親、能隨手扶持病患、談吐溫和、熱誠助人，並能立即爲病患及家屬解決問題的醫師或護理人員。

綜卦「中孚」，卦辭分析：

同上。

錯卦「小過」，卦辭分析：

傳統的醫護人員大部份都是嚴肅、神秘的，不願意和病患及家屬多談，而大部份的病患及家屬卻都希望見到的是個性開朗、笑口常開、充滿信心、能主動和病患及家屬談笑風生、打成一片的醫護人員。想要變成一位受歡迎的醫療人員，就要拋棄嚴肅和刻板的作風。

初爻爻辭分析：

醫療人員對於病患及家屬的親切、誠懇，固然已經使得大家都很滿意了，醫師的專業知識也能讓病患覺得有信心。但是，醫療人員的內心裡，還要更多一些謹慎小心，時時預想到萬一的情形，以免由於粗心而造成不可挽回的醫療錯誤。

初爻爻變「渙」，卦辭分析：

醫事人員能帶給病患及家屬最大安全感的，是很有口碑的醫療技術、最新醫療知識的吸收、醫師的信心表現、可信任感、微笑的表現，這些都是使病患增加信心的原動力。

二爻爻辭分析：

醫師把病患當成好朋友，一旦獲得最新的醫學知識或是病情的變化，都應先和好朋友分享。

二爻爻變「益」，卦辭分析：

如果有些事情不便直接告訴病患，祇要這種隱瞞是有必要的、是善意的，相信也會獲得大家的認同。譬如，醫師儘量不要對病患顯露出負向的態度，要儘量表示積極正向的感覺，或者，當病患表示不願意討論某些隱私的問題時，也應該給予尊重。

三爻爻辭分析：

即使醫護人員已經非常認眞地診治病情，也仍然會遇到不合作的病人。譬如，醫師認爲「不必吃藥」，但是病人並不相信；醫師認爲「不用打針」，病人也會半信半疑；病人也不相信慢性病需要長期照護的說法，不肯按時吃藥，不肯配合節制生活飲食，這些都會影響治療的效果。此時，需要另想其他診治良方，譬如，要求家屬一起討論診治程序（尤其飲食必須改變時），並設法由家屬或家人共同來鼓勵病患。

三爻爻變「小畜」，卦辭分析：

如果沒有辦法找到合適的親人來鼓勵病患，醫師可以採用漸進的方式，勸導病患改變生活型態，並幫助病患維持自尊心及自信心（例如，每週減輕一磅體重，而不是每週十磅）。

四爻爻辭分析：

醫師照顧病患，已經費盡了心思，也顯示出了最大的誠意，但是，也很有可能有些比較固執的病患，並不容易立刻提高配合度，這是想像中必然的事，也是無可奈何的。此時，醫師已經盡了最大的努力，即使還有遺憾，其錯也不在醫師身上。

四爻爻變「履」，卦辭分析：

如果，醫師還不死心，還想再努力縮短和病患的距離，這時可要小心，不要使病患對於醫師產生了怨恨、不信任、生氣，或是乾脆不再前來就診；反之，醫師也不要因而特別順從病患的意見，或是鼓勵病患的依賴性，如果因此而造成了醫師對於病患的敵意，就會增加醫療過程中的厭煩度，也會產生溝通時的排拒性，這時候，醫師就會由於過份擔憂病患，而出現不尋常之焦慮。

五爻爻辭分析：

醫師、病患相互照應和體諒，醫師能成爲理想的醫師，病患也能成爲理想的病患，如此，疾病就能得到最佳的治療，病患也能得到醫師的全力服務。

五爻爻變「損」，卦辭分析：

如果，病患並不能完全體諒醫師的用心良苦，這時候，不論有多少抱怨，醫師們都應該虛心接受，並且還要立即追查出無法令病患滿足的眞正原因，設法採取適當的應急措施。如果無法立即處理，也應承諾事後補救，誠心道歉，加強後續的醫療保健服務。

對於病患「抱怨」的重視，不但可以加強病患對於醫院的向心力，更可藉此改善缺失、提高醫療品質。

上爻爻辭分析：

有些虛情假意的醫療人員，表面上敷衍病患，開藥時卻會漫天要價，不該打針的也要打針，以假意的關切，恐嚇病患必須開刀，賺取開刀費，這些都是沒有醫德的醫療行爲，日子久了，終必會爲眾人所揭穿的。

上爻爻變「節」，卦辭分析：

當病患和醫師的關係暫時終止的時候，譬如，醫師離開了原先服務的醫院，醫師也應該爲病患安排一位新醫師，或者，當此醫師實在忍受不了某些怪異個性的病患時，也可考慮把病患轉移給另外一位醫師；醫師也應將醫療檔案轉交給新醫師。

案例十一：「星巴克」的成功規劃

一九九二年星巴克上櫃，資金不虞匱乏，更加速了擴店的速度，當年度一共開設了五十多家新店面。一九九三年又增加了一百家新據點，每年不論在銷售額或是收益，都遠遠超出原先設定的目標。

一九九三年七月，是星巴克王國創始人霍華蕭茲（Howard Schultz）的四十歲生日，當時美國《財星雜誌》刊出一篇專題報導，恭維霍華在四十歲以前就發了大財。但是，霍華似乎有點受寵若驚，他並不認爲他眞的成功了，他不斷地在思索著：「下一步該怎麼走？」

如果你是霍華，以後的日子該怎麼規劃？

分析：

表面上看，星巴克所向無敵、攻無不克，然而霍華內心的恐懼與日俱增，以前的鬥志，都是在逆勢中被逼迫鍛鍊出來的。如今，星巴克已經一一實現了當初的夢想，霍華的銳氣還能再繼續支撐多久？

世界各地競爭日趨激烈，各地傳統的咖啡館也開始學習星巴克模式，在店裡加裝濃縮咖啡機，似乎人人都可以自己打奶泡，市場上投入者愈來愈多。

星巴克未來的經營仍然要小心謹愼，絕不可因爲過去的成功，就此鬆懈了。因此，本問題宜以「履」卦分析之。

「履」卦，卦辭分析：

由於競爭日趨激烈，業界觀察家甚至認爲星巴克已經錯失開往東岸的列車，因此，星巴克更要迎頭趕上，加速了擴店的計畫。一九九四年，星巴克決定進軍紐約和波士頓，然而紐約的租金和人工成本特貴，風險不小。因此，星巴克愼重小心地決定，先進入租金較低的市郊，先選中了費爾菲德郡、維斯契斯特郡，因爲這兩個地區住有許多在曼哈頓上班的意見領袖或媒體名流，在此開店，不但省錢，也能事半功倍，打出知名度。

事後證明果然奏效，紐約的意見領袖幫了大忙，一九九四年三月，星巴克已被媒體評爲全紐約最佳咖啡。

綜卦「小畜」，卦辭分析：

星巴克在進軍某城市之前，都會先參考郵購部門所提供的客戶情報資料，這是星巴克十多年來所建立的資源，由最基礎的個別客戶，慢慢累積、分類，而成爲建立市場非常有用的資料庫。

錯卦「謙」，卦辭分析：

「商場如戰場」，星巴克想要在商場生存，就要盡全力競爭，不可以太謙讓。星巴克進軍波士頓，採用「購併取代競爭」的策略，發揮了因地制宜的奇效，因爲，星巴克想要攻佔波士頓，就先要擊敗主要的對手「咖啡聯盟」（Coffee Connection），這家公司不論在專業知識或是籌措資金的能力上，都是強勁的對手，與其和他拚命地纏鬥，不如把他購併，把實力加入自己的陣營。既保持謙讓，而又有競爭的實效。

初爻爻辭分析：

霍華在四十歲的壯年，就已經贏得了《財星雜誌》的讚譽。刊登的標題是「霍華蕭茲的星巴克，將咖啡豆磨成金沙」，似乎已經到了人生的巔峰了。

但是，霍華並不因此而自滿。茲後，他仍然一本初衷地，兢兢業業爲星巴克擴展版圖而努力。

初爻爻變「訟」，卦辭分析：

以傳統的企業經營方式，經常不足以應付日趨激烈的市場變化。譬如，星巴克堅持不賣人工調味的咖啡豆，卻又允許在濃縮咖啡飲料中添加糖漿。這兩者之區別，正是星巴克的「堅持」與「妥協」下的產品。

業者何時該讓步？這是最易引起爭論也最難說明的地方。星巴克憑著兩個信仰：既要提供道地、不摻假的優質產品，曲高和寡、在所不惜；又要拿捏著什麼時候向客人說「yes」。

然而，這些形象的堅持做法，經常使得星巴克在競爭上吃足苦頭。好在長久以來，星巴克堅持既定的政策，公司內部的基本教義派和改革派經過長期激辯，終於在不損及基本原則之下，達成了協議，競爭力也因此大增。

二爻爻辭分析：

霍華的用人原則，他不怕用比他更能幹的人才，他要用有自信、有膽識、不怕和老闆辯論的人，這種人做事心胸坦蕩，沒有私心，才敢大聲說話，做事無牽累，就能順暢而行。

二爻爻變「無妄」，卦辭分析：

霍華也曾聘用過不適任的經理，本來可以立即請他們離開公司，但是他並沒有這樣做，還是儘量讓這位經理多留了一陣子，因爲這些主管早期的奉獻良多，卻不幸跟不上公司快速成長的腳步，也不願意多學，所以顯得才能似乎不足了一些。但是，無論如何，這些曾經賣過力、出過心血的老幹部，還是應該儘量以眞誠表示感謝，謝謝他們以往對於公司的貢獻。

三爻爻辭分析：

星巴克不隨意和別人合作，被星巴克拒絕合作的案件，遠超過接受的案件。譬如，星巴克曾經否決了一家大型連鎖店上千萬美元的合作計畫，祇因爲該公司的經營哲學和形象不符合要求。如果接受了這種合作，無異是瞎衝亂撞，必然會踩到釘子，遇到大危險。

三爻爻變「乾」，卦辭分析：

不按教育目標、瞎衝亂撞的投資夥伴，不可與之合作。星巴克先要評估願意合作的企業，看看這些公司的優質度，看他們在業界是否已建立了品牌聲譽，是否瞭解星巴克的理念，有沒有保護星巴克的誠意，也看這些企業對於培訓員工、投資設備，是否具有大企業家的氣魄。

四爻爻辭分析：

遇到了挫折，就要立刻反省、改進。

星巴克原先一直以有塑膠蓋的紙杯供外帶使用，隨著市場的擴充，外帶紙杯增加了垃圾場負擔，頓時成爲環保攻擊的對象。

星巴克從善如流，趕緊設法改善，終於設計出一種新材質紙杯，既有隔熱效果，也能資源回收。

四爻爻變「中孚」，卦辭分析：

即使星巴克沒有得罪環保單位，爲了維持既有的風格和形象，星巴克絕不允許因爲業績成長，而犧牲了風格。當事業愈趨進步之時，星巴克更會自我要求，爲了使消費者滿意，絕不欺騙消費者，要以更多的財力在創意上做投資，誠心誠意地爲提高消費滿意度而努力。

五爻爻辭分析：

成功後的星巴克也面臨過許多難題。譬如，新鮮感漸漸消失、國際咖啡生豆飆漲、激進團體抵制，這些都沒有迫使星巴克衝動蠻幹。他們已有心理準備，未來還會遇到更棘手的難題，爲了有效地因應，也成立了實驗室、秘密工作室，專門營造創新的氣氛。

五爻爻變「睽」，卦辭分析：

許多麵包店、糕餅店都喜歡開在星巴克咖啡館附近，但是，也有許多小咖啡館常常抱怨，甚至控訴星巴克故意在對街開店，搶走了他們大批的客人。

其實，星巴克不去開店，好地點也會有別人去開店，同樣的，也要面臨同業的競爭。星巴克認爲，市場上的努力，在極品咖啡市場上，大家都有獲利機會，這要看如何取悅客人，如何投資未來，這比面對面、咖啡店的惡性競爭有意義得多。

上爻爻辭分析：

早在八〇年代初期，霍華蕭茲就已預測到星巴克的榮景。回顧二十六年的經營，一路走來雖然也曾歷盡艱辛，終於星巴克已經成爲了世人景仰的企業。星巴克的管理精英也仍然不斷地矯正未來的方向，爲確保未來的正確可行，要步步爲營，邁向未來更繁盛的預期。

上爻爻變「兌」，卦辭分析：

即使過去的經營也曾經有過許多過錯，然而成長的數字並不代表一切。星巴克的基石，在於員工、顧客、股東共同分享的咖啡熱情，不論世界變化多大，他們的基本價值觀和創業宗旨永不改變。

經理人用心來領導，工作夥伴用幹勁、熱情和承諾來回應，大家都以喜悅之情，共同爲這個「賺了錢能回饋員工、顧客和社會」的企業大家庭努力，這種企業的人生才有意義。

案例十二：左右爲難的會計小姐

蘇小姐在某公司擔任會計職務，公司裡的大小帳目，都是由蘇小姐所經辦。會計業務雖然繁忙，倒也還能忍受，最令蘇小姐所不能接受的，也不知該如何面對的，是公司的王總經理經常會拿一些假發票，要求蘇小姐作假帳。如果順從王總的命令，就會構成僞造、犯法的行爲，而若不接受王總的指使，勢必要得罪了總經理。

在這種左右爲難的情況下，蘇小姐應該如何面對？

分析：

以蘇小姐的立場而言，無論怎麼做，都免不了會受到一些莫名的損傷，使得蘇小姐進退兩難。蘇小姐在公司裡上班，當然應該聽從總經理的命令，但是，她也要曉得自己本身應有的節制，違規犯法的下場，將會帶來多麼大的傷害，是否值得永無止境的錯下去，蘇小姐內心應有愼重的考量，此一現象宜以「節」卦討論。

「節」卦，卦辭分析：

蘇小姐在工作場合能夠節制自己的情緒，就能處理事務順遂得當，但是，節制也不能太過份，超出個人所能承擔的分量，忍耐就不會太久。也就是說，如果總經理的要求太過份了，將會造成不是個人所能承擔的風險，蘇小姐就不要再忍耐下去，否則，不知道以後會發生什麼樣的變化。

綜卦「渙」，卦辭分析：

當公司發生了某方面的困難，此時蘇小應當盡力幫忙，使得困難消除、迷惑解困，為期望公司上下都能意見一致、順暢溝通，此時，蘇小姐應該勇敢大膽地面陳此一事件的本末、利害，才能使大家認清問題，才有消除危難的可能。

錯卦「旅」，卦辭分析：

蘇小姐為了工作，固然應該隨遇而安，不宜太多挑剔，但若全無警惕性，也不是應有的態度，為了保護自己，也該有適度的思考空間。

初爻爻辭分析：

蘇小姐應該要求自己，儘量少說話、少管閒事，這樣就會減少許多無謂的是非。

初爻爻變「坎」，卦辭分析：

如果蘇小姐實在無法忍受工作環境的複雜性，因而免不了偶爾抱怨，或是有所建議，此時，可能會受到長官的挑剔、指責，對於這種現實無情的煎熬，蘇小姐的內心要有所因應準備，絕不要因此而放棄了做人的誠信，一旦失去了純眞，人生的樂趣就已經失去了一半。

二爻爻辭分析：

爲了怕招惹是非，蘇小姐強迫節制自己的言行，但是，如果節制得太過份了，甚至連門都不敢出，話也不敢說，事情到了這種地步，蘇小姐每日緊張兮兮，弄得全公司也是各藏鬼胎，公司裡有了這種情況，同事間的和諧問題，就非常嚴重了。

二爻爻變「屯」，卦辭分析：

蘇小姐無法忍受自我的壓抑，終有一天，滿腔的憤怒就會一傾而瀉，固然宣洩得很愉快，但是仔細再想一想，爲了未來的前途，千萬不可由於逞強而單打獨鬥，應該先在公司裡建立實力，並且尋求值得信賴的同仁或上司支持。

三爻爻辭分析：

假如蘇小姐應該隱忍而未節制，輕舉妄動之後，影響了公司的士氣，因而受到了懲罰、責難，這祇能怪自己太鹵莽，怨不得別人。

三爻爻變「需」，卦辭分析：

如果蘇小姐果眞能夠克制內心的不滿，一直忍著，等待有利的時機到來，祇要仍然保持誠懇、待人和氣的態度，就不會受到大家的埋怨，就不會被歸類爲「乖僻的另類」，也不會因此而失去很多朋友。

四爻爻辭分析：

如果蘇小姐對於王總的命令很能適應，並不感到困惑，就能很自然、自在地，配合得宜。當然，蘇小姐一定是具備了相當的社會經驗，對於王總的命令，很容易就能應付得宜。

四爻爻變「兌」，卦辭分析：

即使蘇小姐並不很甘願地接受了王總的命令，她也要以喜悅之情待人接物，千萬不要每天緊繃著臉，把原來同情自己的朋友都嚇跑了。如此，別人也會以喜悅回報，這時就不必擔心由於人緣不好、配合度不高，而被上司刁難了。

五爻爻辭分析：

當然，若是蘇小姐已經深思熟慮之後，自認不會逾矩，也能放心大膽地接受了王總的支使，職場工作豐富以後的蘇小姐，一切已能應付裕如，就不會再有令人恐懼、不愉快的事情發生。

五爻爻變「臨」，卦辭分析：

如果蘇小姐還有任何的不甘願，必然在工作上配合得不順利，就會造成公司領導上的嫌隙，此時，王總應當極力維護本身的尊嚴，否則，很容易就會由於違法，免不了要接受法律的制裁。

上爻爻辭分析：

蘇小姐一直在工作中努力忍耐所不願意接受的命令，如果，長久以來，仍然無法調整自己的心態，未來將會面臨無可避免心理崩潰的危難之災。

上爻爻變「中孚」，卦辭分析：

如果，蘇小姐實在不想再接受王總不合理的指使了，她也要表現出內心誠意的解釋；縱然很爲難，也要和上司眞誠地坦訴困難，希望王總同情她，允許她調職，甚至於請辭。相信王總經理也必能同情，即使再心胸狹窄，也會將恨意化減至最低點。

案例十三：「西進」戒急用忍

長春大學是台灣的一所私立大學，校長孫博士在學術界頗具聲望，長春大學董事會禮聘孫博士擔任校長，已經八個年頭。

過去的八年，孫校長一直兢兢業業、認眞積極地辦學，長春大學在台灣各私立大學之間，已經開始嶄露頭角，多項評比都是名列前茅。

然而，面臨WTO的挑戰，以及考慮海峽兩岸「戒急用忍」的鬆綁，許多公私立大學已經展開西進的攻勢。長春大學面對這種考驗和挑戰，是否也要開始大陸市場的開拓，或是以不變應萬變，專心在台灣積極辦學？

分析：

經營學校，也就像是經營一所企業。雖說教育事業就是良心事業，但是在現實競爭激烈的環境下，經營學校的校長如果沒有經辦企業般的旺盛企圖心，積極努力地打響學校知名度，爭取來校就讀學生（爭取市場佔有率），提高學校教學設備和服務品質，不僅不能出人頭地，甚至還會遭受到學校經營無法支撐的危機。

然而，目前教育部的西進政策尚未明朗，中國大陸的私校法也尚未出爐，貿然西進會有什麼樣的後果，很難預料。

因此，本問題宜於隨時留意狀況的變化，假設各種可能的情況，事先因應準備措施，而以「需」卦討論之。

「需」卦，卦辭分析：

經營學校，考慮是否應該西進，在等待時機到來的期間，也還是要穩紮穩打地，擴充各種教學設備，聘請優良師資，提高行政效率，諸事先備，靜待光明之遠景。

綜卦「訟」，卦辭分析：

即使非常正派的經營學校，也難免和對手發生競爭上的摩擦，此時要能自我警惕、謹愼寬容，不要自認爲「理直氣壯」，而發生爭訟的問題。

錯卦「晉」，卦辭分析：

經營學校，宜於穩重紮實，不應過份地花招、出鋒頭，以免招嫉受害。有些學校爲了達到招生宣傳效果，提供考生許多優惠條件，甚至保證就業等好處，其他的友校見到這種情形，必然感到壓力很重，如果沒法跟進，就會想別的反制的方法。

初爻爻辭分析：

教育的環境在初期尚未明朗之時，最好避免惡性鬥爭，遠離是非險惡之地，也就是說，不要和其他的競爭學校發生衝突，也不要和主管單位鬥意氣，沒有正式的命令之前，不宜貿然西進，要耐心地等待有利時機的到來。

初爻爻變「井」，卦辭分析：

如果不能脫身是非競爭之地，或是也積極地參與了西進行列，就算是到了另一個不同的環境，也應該維護學校既定的教育政策，不負當初設校的教育使命，否則，將會危害眾多學子受教的品質。

二爻爻辭分析：

在不穩固的教育環境下等待時機，難免會聽到各種不同意見的聲音，或許有人會說「別人已經先跑了！」此時不必介意，也不必多理會，仍然堅持當初的理念，閒言閒語就會漸漸地趨於平淡而消失。

二爻爻變「既濟」，卦辭分析：

如果不能忍受外界的評論，而忍不住全力衝刺一搏，此時，要注意到的，即使大功得以告成，也不要疏忽了小節，因為，在不是恆常、不穩固的基礎下，往往事情將近成功之時，免不了由於怠惰懶散，很容易造成誤事而產生禍端。

三爻爻辭分析：

在等待有利時機到來之時，很可能由於不小心或是漫不經心，而陷入了難以自拔的混亂，譬如，有人認爲應該立即西進，也有人極力地反對。此時，很容易招致外敵或是心魔的入侵。

三爻爻變「節」，卦辭分析：

如果刻意地積極認眞，又極度地謹愼小心，就會超出本身堅忍的極限，過份的壓抑，也會產生莫名的反彈抗壓。譬如，一定要等到百分之百的人都同意，才敢西進，這似乎又自我要求得過份了。總之，即使要小心謹愼，也不必自限、自縛得動輒得咎。

四爻爻辭分析：

當各校積極辦學、擴展校務之時，難免由於競爭而傷及友校情誼，爲了避免這種不愉快事件的發生，學校儘可能不要參與任何的糾紛。不要因爲西進的問題，破壞了友校之間的感情。

四爻爻變「夬」，卦辭分析：

如果實在避免不了，已經捲入了糾紛的漩渦，理直氣壯的一方一定要公開、公正地聲明誰是誰非，不可姑息、隱忍，不僅如此，也應該向全校同仁、同學勸勉，提醒大家防範，避免再有類似的糾紛。

五爻爻辭分析：

在等待時機的期間，一切要保持平常心，不必刻意地求表現，應該儘量低調處裡，避免引人注目。不必鑽營找門路，也不要求爲本校開闢西進的方便之門。

五爻爻變「泰」，卦辭分析：

無可避免地，治校的理念不可怠忽，而應明確、刻意地宣示，要釐清學校經營、努力的方向，要開誠佈公地告訴大家西進與否的優缺點。要能努力維護著全校上下、同仁、同學都能和睦相處，全校朝向一致的目標，這才是穩定經營之福。

上爻爻辭分析：

當學校的發展已經到了相當成熟、穩定的階段，已經顯示出可以西進的優渥條件，此時必然免不了會有嫉妒的同行前來挑釁，此時一定要保持冷靜，一切以禮相待，糾紛或許將會避免。

上爻爻變「小畜」，卦辭分析：

如果沉潛了很久，仍然未能積蓄多大實力，此時學校經營的效益，祇求慢慢地耕耘，服務於地方、局部性的教育，學校當局心中該有定見，此後就不必再刻意地、很不務實地西進發展，甚至還想發展國際性或是世界一流的學府了。

案例十四：避免「小團體」

長春大學也如同一般的大學，校內的人事編制按照工作性質，可分爲教師群、行政人員，以及負責軍訓、軍護的教官群。

這三群人員的學歷、出身背景、工作性質以及工作待遇皆不相同。如何能使得大家都能和睦相處、融洽、愉快？負責全校經營舵手的校長，應該如何因應規劃？

分析：

此問題是爲了研究如何能使同仁們相處融洽、發揮團隊精神、達到最大的工作效益。此卦宜以「同人」卦分析之。

「同人」卦，卦辭分析：

同一所學校裡，要使這三種性質不同的人員能夠相處融洽，事先要有處心積慮的規劃安排，不僅是表面上、公式化的合作，而更重要的，要能在私人的情感交流上相互感召，才是眞正團隊團結的現象。

綜卦「大有」，卦辭分析：

在整個校園內，設法營造大家共同的興趣，使得大家都能感到未來希望無窮，有了指望，就不會無中生有，產生偏激、彆扭的爭執。

錯卦「師」，卦辭分析：

一旦不同性質的人各自聚眾成「師」，組成了一個個的小團體，就會影響校園整體的內聚力，降低統合的競爭力，因此，以學校的立場，不宜鼓勵小團體的過份發展。

初爻爻辭分析：

學校在初創時期，無論在哪一單位服務的同仁，彼此之間都要如同一家人似的，同甘共苦、相互體諒，共同尋求出一致的利害方向，大家就更能合作無間、相處融洽。

初爻爻變「遯」，卦辭分析：

當學校裡的「小團體」意識已經形成，結黨爭利、排擠傾奪，此時學校內其他守本份的同仁就要避免和小人發生衝突，以免受到傷害。

二爻爻辭分析：

負責經營學校的校長和各級主管，在任用人才方面，不宜祇重用與自己同黨之人，或是自己的好朋友，而應量才器使，否則將會影響校務遂行之順利。

二爻爻變「乾」，卦辭分析：

如果，情況之發展必須特別任用自己的好朋友，或是某些相同理念的人才，此時，各級主管更要保持行事正直、光明磊落，避免引起眾人的猜疑。

三爻爻辭分析：

經營學校非常之小心謹愼，甚至爲了怕惹出麻煩，避免招搖、引人注目，就很有可能會犧牲了一些優秀的人才。

三爻爻變「無妄」，卦辭分析：

敞開胸懷，大膽積極地拓展經營的方向和路線，不必刻意的在乎各組群的意見，爲了教育事業的發展，祇要能夠保持著眞誠無妄，日子久了，就必能獲得大眾的認同。

四爻爻辭分析：

各校辦學，都在積極盡力地表現出努力和實力，在市場上的競爭勢在難免，但是不要把實力耗費在無意義的爭強好勝。爲了避免無謂的內耗，學校內的各組群之間，更不要爲了小事而起爭端。

四爻變「家人」，卦辭分析：

萬一學校內的各組群之間無可避免地發生了正面的爭執，學校當局也不必太緊張，祇要各級主管都能恪守本份、敬業樂群，學校之經營也就能夠安詳順利。

五爻辭分析：

同事之間的相處，要能事先預想到最不好的情形發生。由於處事小心謹慎，就能躲過一些不愉快的事情。

五爻變「離」，卦辭分析：

如果大家都還沒有很深入的悲觀意識，平日的爭吵或許難免，也不必過於掛慮，祇要各組群都還能遵循建校的總綱，大家的行事和觀念都能指向同一方向，就不至於發生矛盾和干戈的情形。

上爻辭分析：

日子久了，志趣相投、性質相近的人聚組成群的情形愈來愈明顯，此時千萬要注意，校長要能主動疏導，要求各組群聚會時，儘量放低姿態，以免稍有疏忽之處，將會造成學校分裂的懊惱事件。

上爻爻變「萃」，卦辭分析：

學校的各級主管祇要能憑著超人的學術地位或是行政威望，就能夠率領全校同仁，開拓學校遠景、更上層樓，這種干雲豪氣，倒是值得鼓勵的。

案例十五：「朝」不正、「野」不服

自從行政院長宣佈停建核四以來，核四爭議頓時成爲社會大眾關注的焦點，有人贊成，有人反對，贊成與反對的理由莫衷一是，各有私心，皆有成見，朝野上下、民間黨團爭擾不斷，社會秩序一時難以安寧。面對此種情形，吾人老百姓，應當如何正視此一問題？

分析：

本問題之背景，是朝野對立、意見不合，沒有共識和交集，因而屬於「天地不交相和」，因此，宜以「否」卦來討論此一問題。

「否」卦，卦辭分析：

此時之社會非常混亂，朝野意見極端發展，兩者難有交集，人心難以安寧。表面上，大家所爭的是核四的問題，實際上各人內心皆有不同的打算。

綜卦「泰」，卦辭分析：

如果各路政黨都完全不知道努力的方向，相互之間矛盾爭鬥不已，這就是此時混亂社會的原因。在野黨的職責，是監督執政黨有沒有濫用職權，而執政黨則要發揮為民服務的能力；絕不是為了反對而反對，也絕不是「騙」完了選票，就把民意忘了。

錯卦「泰」，卦辭分析：

同綜卦。

初爻爻辭分析：

當社會紊亂之時，有道德、有能力的君子，應當隱忍不出，才可確保本身的無爭無擾、生命保障安全。每次選舉之後，就可以很明顯的看出來，施政能力很強、民調聲望很高的候選者，很多都「中箭下馬」，氣得一些很有抱負的人，發誓退出政治圈。

初爻變「無妄」，卦辭分析：

無論表達任何建言建議，都要真心誠意地為了整個國家、社會，如此才能為大眾所接受。不要口水戰，不要為了反對而反對，不要為了選票離間了族群，不要為了政治利益數典忘祖。

二爻爻辭分析：

縱然世道混亂，也不得不坦然面對、接受，此時可以看到，處處都有小人諂媚當道，有道德、有理想的政黨，應該堅守正義、順時應世，以待局勢亨通的時日來臨。

二爻爻變「訟」，卦辭分析：

如果政黨之間無法隱忍，終於又再爆發了爭鬥，縱然朝野各政黨都是爲了表現本身的政見和理想，此時也應該注意，不要過份偏激，以免受到競爭對手的傷害，如有必要，最好訴諸公論以作評斷。

三爻爻辭分析：

當反對勢力強大之時，受到了折辱，爲了社會百姓的祥和，應當隱忍不發，吞含一切羞辱。執政黨不能像在野黨一般，到處攻擊、事事反對，而要以兌現政治諾言爲重，要經常表現出泱泱大「黨」的風度。

三爻爻變「遯」，卦辭分析：

但若執政黨做不到忍氣吞聲，執政、在野雙方的爭鬥於焉展開，國家社會必然又是一片混亂。當反對勢力強大時，不要試著和它對抗，應該隱忍退讓。此刻的新政府最好願意接受「立法院依據憲政體制做出決議」，即使與行政機關不同，行政院、總統府都必須尊重、接受。

如果爭鬥雙方都堅決地不肯退讓，就會更加升高罷免總統、倒閣的不滿民氣。

四爻爻辭分析：

混亂不安的世道，個人無從施力，一切聽從上天的安排，如能隨遇而安，不做硬性強求，就能無災無禍。順應民心、一切以民心的趨勢為依歸，這就是上天的旨意。

四爻爻變「觀」，卦辭分析：

如果對於隨機的安排並不很甘願，還想觀望、伺機而動，這就是逆道而行，災禍將會尾隨而至。尚未下定決心，還在觀望思考期間，此時，新政府也不必過份委曲求全，祇要同意回歸憲政，表現出誠意；而在野黨也不要忘了核四爭議的本意，應該透過協商，達到誠意溝通的目的。否則，核四爭議沒完沒了，造成的動盪政局將難有妥善安排。

五爻爻辭分析：

當混亂不安的局面已經到了末期，執政黨與在野黨難以妥協，此時唯有共同找出可以遵循的典章，全體服從；或是推舉社會賢達，出面帶領大家轉危為安，否則，混亂的局勢難以收拾。

五爻爻變「晉」，卦辭分析：

如果各黨派的民意代表能有共識，盡心盡力促使社會安定，朝野意見趨向一致，不再政爭，共同想出辦法解決核四問題，這些人就是國家的功臣、人民的救星，是全國景仰的典範。

上爻爻辭分析：

混亂得太久了，社會的資源、人民的福祉已然犧牲殆盡，沒有再鬥的本錢了，大家都渴望安定和平的生活，這是否極泰來的時刻，祇要朝野雙方都有誠意、耐著心，最後必能成功地達成溝通的願望。但是，如果此時朝野雙方仍然不肯捐棄成見，就會迫使絕望的民眾心生變異，甚至造成族群再現分裂。

上爻爻變「萃」，卦辭分析：

族群分裂之後，各自群聚，族群中各有出人頭地的領袖出現，他們有能力各自號召族群。這些少數領袖之間如果能夠誠心誠意、理性地溝通，或許他們已經體驗到抗爭的眞正意義，會比人多嘴雜更容易凝聚共識、維護和諧，這是再聚民心、重建社會力量的轉機。

案例十六：新政府的難題

台灣面臨到空前的經濟、金融危機，新政府雖然也提出了許多改善措施，但卻無法有效地面對眼前的相關問題，反而拉長了戰線、拖延了時間，台灣各地區的失業率月月上升，民間企業惡性倒閉者與日俱增，甚至於「法拍屋」也突然多了出來。面對這種情景，台灣的經濟應該何去何從？政府當局又應當如何有效的因應？

分析：

當前台灣的金融機構沉痾已深，逾期放款愈來愈多，金融危機也愈來愈嚴重。此問題的原因背景，絕非單純的簡單問題，其間牽涉了多少的政治問題、派系問題、利益掛勾問題。爲瞭解其間的錯綜複雜，宜以「蠱」卦分析。

「蠱」卦，卦辭分析：

當事物已經腐敗、凌亂不堪之時，欲使基本的行事順暢，必須先將處事方法修飭整頓，使之恢復正常，整飭事務更要身先士卒、臨陣當先。

對於社會紊亂，經濟、金融不振，要檢討造成此一現象的根本原因，主動積極地找出問題，重新整頓，並且要針對缺失，勇於檢討，並且實施改進措施。

綜卦「隨」，卦辭分析：

新政府祇要眞正能做到問心無愧，做到本份內該做到的事，合於禮、合於義，不耍花招、不欺騙百姓，即使短暫的經濟危機暫時還沒辦法解決，但相信全國百姓也必然會諒解的。

錯卦「隨」，卦辭分析：

事物凌亂腐敗到了極點，千頭萬緒，根本無從修飭整頓，短時間內也無法恢復正常，此時祇有竭誠盡力地，不虛僞、不作秀，做好本份內該做的事，祇有這種眞誠的表現，才能打動大衆的心。

初爻爻辭分析：

新政府如能勤勉地整飭以往所留下的蠱亂，徹底地改錯，才會眞正地弭平缺失，得到全國民衆的諒解。所怕的是腐敗的舊勢力並未根除，想要徹底的「拔毒」並非容易之事。

初爻爻變「大畜」，卦辭分析：

如果新政府沒能積極地改錯，因而將所造成的亂象繼續擴大，全國的士氣將會更加低落。新政府也許沒有足夠的人才，因而沒有足夠的能力積極整飭，此時應該廣招賢能，提供建言，獻身報效爲國，把全國的人力、才能，發揮到最大的功能。

二爻爻辭分析：

新政府整頓以前施政不良之處，不能單憑外在直覺的判斷，因爲，或許會有一些長期被壓抑、不足爲外人道的潛在原因必須深入探討。尤其在利益掛勾的內幕下，任何不可思議的事情都會發生。

二爻爻變「艮」，卦辭分析：

如果，新政府貿然、率性地處理問題，就很容易會由於誤解而造成莫大的悔恨和錯誤。爲了提升經濟、解決金融問題，新政府可能規劃出許多的施政措施，其中任何一種都會遭到質疑或抗爭，如果新政府眞有誠意，沒有見不得人的骯髒事，爲了解決全國的經濟、重振金融市場，就不必理會別人的評論，不要受到他人意見的影響，就能避免不良的衝突。

三爻爻辭分析：

新政府整頓前政府的缺失，難免會得罪了當時的權貴，但若的確是前人的錯誤，就算是有人聲色俱厲地指責，相信自有公道，社會各階層也都會挺身而出、聲援支持的。

三爻爻變「蒙」，卦辭分析：

如果新政府也是畏首畏尾，不敢得罪某些大人物，甚至於新政府本身也未能改掉舊時的惡習，如此就會衍生出更大的因循錯誤。剛上台的政府官員都還能潔身自愛，日子久了，難保也學會了一些見不得人的壞習氣。

在尾大不掉、積習難改之情形下，使得新政府在施政時也感到很多地方是自己的蒙昧無知，這倒是一個好現象。不懂的人要向專家或是有智慧的人請益，絕不能以權勢假裝懂，更不能還要求懂的人向不懂的外行人學習。

一開始就要誠心誠意地去學、去請教，不要二、三其德，否則，任誰都不願意多費心去扶持這個不成器的阿斗。

四爻爻辭分析：

對於前政府所犯的施政錯誤，任何人都不要隱瞞，也不要企圖掩飾。否則，新政府也仍然難免再犯和舊政府相同的錯誤，甚至於錯誤還會愈來愈嚴重。

四爻爻變「鼎」，卦辭分析：

經過新政府元首的調度、規劃，把千頭萬緒、混亂無章的經濟、金融問題都理上了軌道，就能根治國難，施展為民造福的德政。如果，缺少了這麼一位為國為民、認眞積極的元首，國家將會愈來愈混亂。

五爻爻辭分析：

眞心地為了國家、社會的福利，敢於大義滅親、勇於坦承錯誤，即使曾有疏失，仍然可以獲得大家的尊敬。

五爻爻變「巽」，卦辭分析：

如果一味包庇或是昧於權勢，不敢指陳錯誤，國家、社會之混亂仍將是沒完沒了。如果新政府昧於人情或是礙於政治考量，非常謹愼、低姿態地處理政、經事務，這種謙遜的態度固然是一種美德，卻不足以成就國家大事。新政府元首應該積極果斷，施行各種爲民造福的改革方案。

上爻爻辭分析：

整飭金融亂象，不是爲了某些財團或是某些高官，而純粹是爲了國家、社會之福祉，因此，全國上、下更應該尊崇政府施政的美意。

上爻爻變「升」，卦辭分析：

但是，如果新政府的所作所爲另有不可告人的企圖，或是祇是爲了應付官場，爲了有所表現，並不見得眞正能爲社會、百姓謀求幸福，新政府可以欺瞞百姓於一時，卻終究騙不了歷史的見證。

新政府如能應對得宜，由於新政府的表現也會提升政治上的優勢，其可以先取得世人的認同，然後就必能一帆風順，獲得選民的青睞。當新政府已經獲得了選民的好感，取得了政權的穩定之後，就應該真心地關注於全國的民眾，真心地爲社會的繁榮盡一份心力，這個政權才能長久、永存。

即使爲了討好選民，所作所爲都是有所目的，一旦成功了，獲得了選民的認同，就應該調整心態，也要爲全民的福利，做一些正大光明、値得永垂後世的貢獻，否則，終必爲世人所揭穿，這種應付一時的虛僞手段，也終必遭受萬民的唾棄。

案例十七：「統」、「獨」之爭

台海兩岸長達五十多年的政治、軍事對立，時到如今愈趨劇烈。「一個中國原則」以及各種「統」、「獨」的意見紛紛出籠。身爲兩岸的人民，爲了永續幸福而且尊嚴的生存，我們應該如何面對？

分析：

無論海峽兩岸以何種型態結合或發展，都是要以全體人民的幸福爲依歸，務必雙方心甘情願，才能得到眞正的快樂。因此，本卦宜以「歸妹」卦分析。

「歸妹」卦，卦辭分析：

海峽兩岸如果有一方心動、一方喜悅，這才是雙方結合之象，如不是出自於自然的結合，而是以不正當的討伐、強迫方式，就會產生兇險、爭戰事件，這種結局對雙方都不會有好處。

綜卦「漸」，卦辭分析：

凡事要循序漸進，不要急躁，海峽兩岸的事務進行要光明正大，才會利於日後雙方的合作關係。海峽兩岸的百姓長久生活在不同的環境下，不論是教育甚至於思維方式都不相同，要想做到互相體諒，需要長時間的慢慢溝通。

錯卦「漸」，卦辭分析：

如果雙方沒有心動，也無所謂喜悅之情，也就不必考慮結合的問題，但是祇要能不急躁地循序漸進，即使沒有結合，而能從事對雙方都有利的行為，就會被大家所肯定。其間，至少要能做到不以武力恫嚇對方，不醜化、不矮化對方，平等對待、和平相處，海峽兩岸截長補短，才能互相幫助、共存共榮於世界。

初爻爻辭分析：

海峽兩岸的結合，如果有一方被迫以較卑微的姿態出現，這並不是理想的情況，被壓迫的一方必定憤憤難平。如果雙方能以穩重的態度，深明和平之大義，互相尊重、相互拉抬，必能有助於兩岸的和諧和進步。

初爻爻變「解」，卦辭分析：

但是，如果某方姿態雖低，卻又不能放寬胸懷，甚至還會自怨自艾，這時，雙方的合作前途仍然令人擔憂。

儘管兩岸合作得並不理想，若是雙方都能為大眾之利益考量，這樣才能解決大眾之苦，才是眞正地有利於大眾。當海峽兩岸的人民都已經生活得幸福快樂了，就不必勞師動眾，也不必還要推翻施政、再提改革；如果海峽兩岸人民的生活尚未達到理想境界，雙方都應提出建言、規劃改革。

二爻爻辭分析：

兩岸雙方一旦開始合作，縱然雙方都有令對方不滿之處，也要睜一隻眼閉一隻眼，不必過份計較。否則，就會再爲了些許小事而啓爭端，這些都是不利於百姓生活幸福的現象。

二爻爻變「震」，卦辭分析：

海峽兩岸仍然免不了仇視、敵對，此時雙方面領導者，其做人、做事要有威嚴，才能服眾、做事才可順遂。領導者表現出威嚴的目的，並不在於迫使百姓們害怕，而是要顯示出莊嚴，使眾人信服，使眾人感到說話算話、有誠意，百姓們才有安全感，才不至於因些微的變異，弄得大家慌亂一團、不知所措。

三爻爻辭分析：

海峽兩岸經過長期的談判，如果某方的條件不算太好，另外的一方又是姿態太高，一直不肯同意合作的條件，蹉跎至終了，弱勢的一方會被迫接受不公平的待遇。

三爻爻變「大壯」，卦辭分析：

如果弱勢的一方並不肯接受這種低人一等的待遇，雙方面就再繼續惡耗下去。

海峽兩岸，其中氣勢強、條件好的一方奪得了政權，縱然其勢力遠超過另一方面，但是其政策之實施也應以正道爲之，也要堅正固貞，爲民、爲社會的原則，也要確保心志與行爲一致，才會長久保持優勢順利。

四爻爻辭分析：

海峽兩岸具有優越條件的一方，如果由於談判而延誤了合作的機會，此時不必介懷，因爲本身條件很好，即使合作的機會晚了一點，也終必會達成願望的。

四爻爻變「臨」，卦辭分析：

如果過程中太緊張，或是由於一直耿耿於懷，反而失去了談判的籌碼，就會提供了有利對方的可乘之機。因此，凡事不要做得太「絕」，預留後路，以備萬一。

海峽兩岸的施政如果都能保持正道，處處以人民福祉爲依歸，則必能雙方獲利。但是，雙方仍然互相打擊、陰陽互消，就會有凶險甚至戰亂發生，趁此時刻宜於好好的把握良機。

五爻爻辭分析：

海峽兩岸各有籌碼，談判的結果會以籌碼多的爲尊，籌碼弱的氣勢就低。如果想要得到對方的禮讓，先決的條件是充實本身的實力。

五爻爻變「兌」，卦辭分析：

但是，氣勢高的一方其施政的品質未必就好，也不能因爲勢力大，就忘記了對於百姓們的服務，此時更應該謙遜、不自滿，否則，雙方難以長保和諧、美滿的合作關係。

海峽兩岸都應以喜悅之情，看待雙方合作之關係，兩岸的民間正常化，不必透過政府的干預來達成，雙方互以喜悅回報，如此雙方就會互動順利。如果衹是皮笑肉不笑的假意，並非出自內心的誠意，衹是假象的喜悅，不但不能亨通，反而會帶來無盡的悔事。

上爻爻辭分析：

海峽兩岸雙方所以可以結合，都是看中了對方實在是可期待、可以獲得共存共榮利益的夥伴，如果某一方的實質並不很好，雙方結合之後並不能帶來合作的好處，這種結合也沒有多大的意義。

上爻爻變「睽」，卦辭分析：

如果未能及早因應，遲早雙方又會被迫再度分離。海峽兩岸一旦再度被迫分離，這時候雙方已經相違失和了，以後就不必再談大計畫，各自努力於自身的經營，也許還會有一些差強人意的成績。

案例十八：千瘡百孔的社會

台灣社會在短期內籠罩在一片災難中：新加坡航空公司客機在中正機場失事；象神颱風的無情肆虐，短短一天之內的豪雨造成各處土埋水淹的意外事件層出不窮。

受到這樣慘痛災難的侵襲，社會全體都沉浸在一片不安的情緒中，社會民眾及政府主管當局應該如何面對此種事件？

分析：

觀察這兩種慘劇，其所以造成如此的災情慘重、龐大的人員死亡，主要的原因還是在於有關人員處理問題不夠細心、不太認眞所致，政府有關單位未能盡責處理，未能執行該做的任務。因此，本案宜以「履」卦討論之。

「履」卦，卦辭分析：

行事要小心謹愼、做事認眞，即使遇上了危險，也可以完善地處理，而不至於受到傷害。

新加坡航空空難事件，陳總統從意外當天深夜獲悉此一事件之後，立即指示投入所有可能的資源救難，對比於政治紛擾，新政府處理新航空難事件，的確凝聚了所有的力量，展現出積極謹愼的處事能力。但是，這次象神風災的來襲，新政府卻未能以訓練有素的態度快速應變，民眾不滿之情、破口大罵的憤懣溢於言表。

綜卦「小畜」，卦辭分析：

長期地培養、儲蓄能量，慢慢地形成建設、改造。如果，新政府確實有心爲人民服務，此時也許由於運氣不佳，遇上了難以抵擋的大災難，不必氣餒，雖然不能在短期見到大成果，但是積少成多，日子久了，終必會見到大成效的。

錯卦「謙」，卦辭分析：

如果沒有充分的準備，就會發生疏漏，一切的錯誤都要有雅量承擔，不可爭功諉過、強辭奪理，即使爭贏了，也不是執政黨該有的做法。此時祇能在態度上表現謙遜，不與人爭，這才是正人君子該有的行爲。

初爻爻辭分析：

當政府各單位在執行救災、救難的任務時，應該一本初衷，不爲外物所誘惑，不會影響行事的本意。例如，救災要迅速，不能發國難財，把救災款項中飽私囊等情事。

否則，在行事期間受到了人情壓力，或是私心作祟，因而改變了初衷，其後果將會觸犯國法，或是引起公憤，而招致了災禍或爭訟。

初爻爻變「訟」，卦辭分析：

當政府爲民服務的績效不夠好的時候，此時縱然有千般、萬般的理由，也無法開口自辯，此時祇有小心警惕，以中庸爲柱，不生偏激，才可保住政府的聲譽不致受到太大的傷害。如果執政者自認爲理由充分，甚至於還想把責任推給別人，而且還一心要爭訟到底，免不了會有不利於己的事情發生。

二爻爻辭分析：

政府辦事要有效率，當政府全心全力爲了全國人民，內心沒有私心牽掛，不被政治包袱所牽絆，如此就會辦事順利、萬民稱慶。

二爻爻變「無妄」，卦辭分析：

如果政府有了私心，或是執行者有了偏心，諸事就不會順利，辦事效率也會大爲降低。無論如何，政府的救災、濟困工作不是爲了作秀，而是要眞誠地解決問題，如此方能感召四方，全國民眾也才會以眞誠回報，如果政府的施政不能大公無私，很容易就會被拆穿，政府無論推行什麼方案，必然杯葛四起，永難平息民憤。

三爻爻辭分析：

新政府的人才可能不足，但是確信政府的各級單位也都很想爲國家、爲社會解決一些問題，這確是天經地義、無可推諉的責任，然而，經驗不足的新政府難免有些考慮未周的方案，很容易使得新政府陷入進退維谷，造成了政策和民意的衝突。

三爻爻變「乾」，卦辭分析：

如果新政府還能惕厲謹慎、步步爲營，不貪功、不虛妄，仍然是爭取民意、爭取全民認同的根本做法。

新政府的總統爲一國之元首，其行事、經營必定能夠正直光明、胸懷大志、努力不懈，努力於前所未及的大事，如此才能獲得大眾的信賴。

四爻爻辭分析：

政府戒懼謹慎地爲國、爲民執行既定政策，此其間或許會遭遇到無可抗拒的天災人禍，也許碰上了政治鬥爭的衝擊，當四面八方的壓力來臨時，如果政府能夠及時感受到恐懼，就表示內心有所警惕，此時可儘速設法解困、補救，祇要心有誠意，相信新政府的困難終必可以脫困而得救。

四爻爻變「中孚」，卦辭分析：

如果事至緊要關頭，新政府仍然無法自悟，仍然自困於意識的框框，難免又再引起政治風暴。

不能自醒、自覺的政府，必然會由於辦事效率不理想而遭受挫折，也難免由於民眾的不信任，而引起了憤怒之聲，但是此時之補救方法仍然要以誠懇之態度，不使用花招，以發自內心的誠意，就能使大家感受政府之眞誠。

五爻爻辭分析：

當政府下決心之前，應該三思而行，千萬不要不經思考就蠻幹下去，無論在何種情況之下，處事都要步步踏實、考慮周詳，即使本身的道理十分充分，也不必做得太絕，應該心存餘地、有所保留。

五爻爻變「睽」，卦辭分析：

如果政府的處理太莽撞，難免受到在野黨的質疑，甚至於發動罷免、倒閣，政治上的爭鬥造成了國家、社會的動盪不安。

一旦執政黨與在野黨發生了重大的意見不合甚至衝突，此時也不必怨天尤人，該發生的已發生了，一切順其自然、尊重民意的趨勢即可。由於政府整體的力量已經減弱，不必寄望太大的策略行動，企圖藉以改變形象，此時祇宜以較小、而確實有把握的事務進行，不奢望有功，盡其在我而已。

上爻爻辭分析：

政府定期檢討執政的情形，若能順利進行，就表示施政令人滿意。如果有太多的衝突，民眾抗爭的事件不斷，就表示施政不能令人滿意，政府政策效果不佳。

上爻爻變「兌」，卦辭分析：

施政有了缺陷，就要承認過錯，受到了指責，要能以「喜悅」之情愉快地接受。「喜悅」的意義是爲了達到理想遠大的目標。政見不同的雙方更不要斤斤計較，不妨放棄眼前的小利，要爲爭取最高的理想而努力。

案例十九：「捉放曹」的內幕

三國時期，曹操統一北方之後，挾勝利之威，親率大軍南下，先奪荆州，接著又進逼東吳。為了生存，諸葛亮舌戰東吳群雄，說服了孫權，與劉備聯合抗曹。

諸葛亮先令趙雲帶領三千軍馬，埋伏在烏林小路，預計可以擊潰曹軍一半兵力；又令張飛領三千軍馬埋伏在葫蘆谷，料定可以讓曹軍再損失一半以上人馬；又令劉琦領一支軍馬，守備武昌城，伺機捉拿潰散的曹軍。

諸葛亮算準了曹操兵敗必走華容道，漢營此時還有大將關羽尚未分派任務，如果派遣關羽埋伏在華容道，準定可以生擒曹操。但是義薄雲天的關羽當年曾經受恩於曹操，目前雖然是兩軍對壘的情況，關羽是否能夠毅然決然地拋開恩義，執行軍令，諸葛亮也並不十分有把握。

此時的諸葛先生應該怎麼做？如何分派任務才好呢？

分析：

雖然曹軍吃了敗仗，但是以當時曹軍的實力，兵多將廣，想要徹底把他消滅，勢必引起全力反抗。看運勢，曹操氣勢尚未完全熄滅，不宜硬碰硬地和他廝殺。

當年，曹操的確曾對關羽非常禮遇，既然短時間之內無法把曹操完全消滅，就不妨把人情做給關羽，事後再賣個面子給劉備，原諒關羽違抗軍令的過失，如此又可以攏絡了關羽，他以後必定更會服貼效命。

此問題之背景，可以使得諸葛亮藉此機會，建立、鞏固領導權威，這是領導統馭、權術的一種，因此，宜以「臨」卦討論之。

「臨」卦，卦辭分析：

縱然諸葛亮的神機妙算令人心服口服，但是爭戰多年，必然也多少吃過幾次敗仗，每次戰敗，都會消滅一些領導的權威性，如果不能加緊強化本身的謀斷神威，就會有人開始懷疑，甚至挑戰軍師的指揮能力。一旦軍師的威嚴打了折扣，以後再想恢復，將是難上加難。因此，諸葛亮有必要再謀劃一些策略，強固軍中將領對他的信服。

綜卦「觀」，卦辭分析：

諸葛軍師分派了每位大將適當的任務，唯獨關羽沒給指令，爲的就是要看他的反應如何。雖然諸葛亮早已看透了整個問題的始末，他知道關羽太仁義的個性，絕不放心他能完成任務，於是就用言語逼得關羽立下了軍令狀，「不殺曹操願受軍法處置」。

錯卦「遯」，卦辭分析：

明知生擒或消滅曹操很困難，也不能就像鴕鳥般埋著頭，假裝沒想到設伏華容道。如此，不僅會丟盡了神算諸葛的英名，也白白放棄了謀算關羽、使他更能死心塌地的機會。

初爻爻辭分析：

諸葛亮身爲軍師，指揮三軍大將，不論是攻、守、埋伏，必須要考慮面面俱到，才能服眾，才能使得這些沙場老將心服口服。

初爻爻變「師」，卦辭分析：

行軍作戰，實實虛虛，雖然指揮大軍的軍師不必具有多麼聖潔的操守，卻也要有足夠的威儀，才足以懾服大軍，才能經常克敵制勝。

二爻爻辭分析：

縱然諸葛亮的才能出眾，也需要使用一些技巧，設計一些「人情包袱」，才能使得屬下更能心悅誠服。

二爻爻變「復」，卦辭分析：

如果諸葛亮平日未能和部屬們建立起情同手足的良好關係，一旦面臨權威挑戰的時刻，他就必須設法重新建立威信和聲望，必要時，他可以設計挫一挫軍中大將們的銳氣，逼使他們不得不服。

三爻爻辭分析：

諸葛亮用兵、帶兵，所倚仗的不是柔情的感召，而是他的神算用兵。事先他算就了曹操必走華容道，事先也再三提醒過關羽，關羽違犯自己立下的軍令狀，咎由自取，就算是斬首，也會令人感佩得五體投地。

三爻爻變「泰」，卦辭分析：

萬一軍師並沒有這些神算功能，他就要另想別法，威服三軍。先要弄清三軍的企圖和動向，再努力致力於上下一心的和睦，使能萬眾一心、心心相連，才有抵抗曹操大軍的團結力量。

四爻爻辭分析：

關羽立下軍令狀之後，心中難免不太服氣，就反問諸葛亮：「如果曹操不走華容道，軍師又該怎麼辦？」爲了提高士氣，爲了使關羽心服口服，諸葛亮嚴肅地說：「我亦立下軍令狀。」

四爻爻變「歸妹」，卦辭分析：

如果軍師不敢上戰場，或是指揮大軍無能，他就不能期望三軍對他心悅誠服。使用強迫式的軍令，不僅無助於作戰能力，而且還會引起兵變危險。

五爻爻辭分析：

以諸葛亮的大才，絕對知道要用計謀打勝仗，用智慧帶兵、帶心，因此，漢軍上下對於軍師不僅是敬畏有加，而且感恩戴德。

五爻爻變「節」，卦辭分析：

如果諸葛亮並沒有這種用兵如神的才略，他就必須要謹慎小心，節制自己的豪邁神勇，不可隨意和大將們激情地也跟著立下軍令狀。

上爻爻辭分析：

關羽私自放走了曹操，按論軍令狀，應該推出斬首。但是，諸葛亮尊重了劉備的求情，也表現出對於關羽的原諒，這麼做，既厚道、又仁慈，難怪三軍無不敬佩誠服。

上爻爻變「損」，卦辭分析：

諸葛亮爲了維護軍令，曾經揮淚斬馬謖，即使因此而損失一員大將，也是無可奈何。

關羽違背了軍令狀，諸葛亮曾經盤算著，如果有必要，藉此機會殺一儆百，倒是可以整頓軍威，當然，他會再三思考，如果這樣做，比賣人情給劉備更重要，或是，收服關羽已經不太有意義了，他仍然可以採取「雖損，卻是有益的做法」，說不一定，還是會把關羽殺掉。

案例二十：孫武斬王妃

孫武是春秋末期齊國著名的軍事家，所著的兵法十三篇，不論古今中外，一直享有很高的聲譽。

當時吳楚交戰，吳國弱小，吳王闔閭非常焦急。吳國大臣伍子胥乘機向吳王推薦孫武爲大將軍。

吳王接見了孫武，對於兵法十三篇大加讚賞，並且表示希望能開開眼界，見識一下孫武的演習。孫武說：「我的兵法不但可以適用於士兵，就是婦人、女子，也同樣可以適用。」

吳王選了後宮美人一百八十人，又令所寵愛的右姬、左姬擔任兩隊隊長。孫武擊鼓升帳，宣佈軍令：一、不許攪亂隊伍；二、不許言語喧嘩；三、不許違反命令。孫武指揮眾女兵操演陣式，宮女們不停地掩口而笑。如此情形，孫武再三宣佈軍令，仍然難掩眾美女的笑聲。

此時的孫武應該如何面對這群歪歪斜斜、弱不禁風、嬌生慣養、大王所寵愛的宮女們呢？又如何才能維護令出必行的威嚴呢？

分析：

孫武在吳王面前誇下了海口，「即使是婦人、女子，也能訓練得熟悉陣法」，祇是，沒想到這群嬌慣的宮女，仗著兩位隊長是吳王的寵妃，不相信孫武能把她們怎麼樣。然而，孫武為了確立軍紀，要想表現出軍事的指揮才能，就要鐵下了心，要想使得這些嬉笑的宮女們能夠立刻嚴肅其事，一定要拿出一點威嚴給她們看看，這樣才能夠鎮住這些沒受過軍訓的「女兵」們。因此，本問題宜以「震」卦討論之。

「震」卦，卦辭分析：

孫武指揮大軍，一定要顯出威嚴，才能鎮壓住大眾，因此，孫武就命令執法官把吳王所寵愛的兩個妃子綑綁出去，斬首示眾。

毫不容情地把兩位寵妃斬首了，兩隊宮女見此情景，無不戰慄失色。孫武再擊鼓指揮操練，此時全部宮女皆配合指揮，左右進退、迴旋往來，不差半分，並且自始至終寂靜無聲。

綜卦「艮」，卦辭分析：

孫武要殺兩位隊長，但是如果他還是顧忌到這是吳王的兩位愛妃，恐怕就下不了手了。因此，此刻的孫武根本就不該去想它，也不用在意吳王的感受，否則，為了顧及君王的情面，而釋放了違反軍令的人，以後又怎能服眾呢？

錯卦「巽」，卦辭分析：

孫武要表現出剛毅果斷、雄壯威武，此時此刻，不能講「謙遜」。縱然「謙遜」是美德，用在指揮大軍卻不適用，士兵們需要一位果敢勇毅的將軍，而不是一位仁慈的學究。

初爻爻辭分析：

爲了整頓軍紀，孫武把吳王的兩位寵妃都殺了，由此可見孫武確實心有見地，絕非泛泛吹捧之輩，跟隨著他必定打勝仗。

初爻爻變「豫」，卦辭分析：

如果將軍之聲威不足以震攝大軍，就不要帶兵作戰，以其經驗、才華，可以擔任其他的官吏，另以行政效率提高的方式，爲人民謀取幸福。

二爻爻辭分析：

孫武指揮軍隊一向以嚴格著稱，起初，大家都不習慣這種毫無人情的專制指揮，但是打了兩次勝仗之後，軍士們開始喜歡並且非常依賴著孫武的卓越領導。

二爻爻變「歸妹」，卦辭分析：

如果大將軍孫武毫無魄力、講求人情、帶兵不嚴，當面臨作戰時，先要看一看有沒有人願意出戰，大家都不願意，也不敢勉強，這種部隊無法打勝仗。

三爻爻辭分析：

孫武的嚴厲治軍，使得原本焦慮萬分的吳王終於懂得如何自強建軍，對於日後軍隊的訓練，可以收到積極正向的效益。

三爻變「豐」，卦辭分析：

如果吳國幅員遼闊、兵多將廣，倒還可以用時間換取空間，逐步進擊，也有打勝仗的機會，但是，此刻吳國弱小，若是不用強悍的霸權練兵，就無法在最短時間訓練出戰無不勝、攻無不克的精兵。

四爻爻辭分析：

孫武的兵法十三篇固然高深莫測，具有經天緯地之能，然而，最重要的，指揮大軍的大將軍必須要能堅守積極嚴肅的軍令，不可心軟、不得鄉愿，才能帶動部屬大軍，也會有堅忍不拔的前瞻目標，不致隨時搖擺其志，不會由於缺少了目標，因而喪失了戰爭的意義。

四爻變「復」，卦辭分析：

如果孫武不能堅持嚴厲的軍令執行，就不能建立起治軍嚴明的「大將軍」聲望。

吳國想要積極振作、壯大軍力，恐怕就得重新部署，重新改革心理建設，可能又要花費更長的時間。而且，還要很幸運地，再遇到像孫武如此英明的大將軍，才有可能重振國威。

五爻爻辭分析：

當孫武堅持要把吳王的寵妃推出斬首，雖然吳王親下手令，請求赦免，孫武也不爲所動。吳王見到二姬被殺，已經毫無興致再看練兵操演，就叫孫武回去驛站休息。孫武頓覺掃興，認爲吳王衹愛虛言，不注重實際。

其實，吳王當時的反應也是人之常情，事後，經過伍子胥再次進諫，說明軍令不可兒戲，良將更是難求的意見，經過溝通之後，吳王還是能夠從善如流，仍然再拜孫武爲大將軍。後來，孫武果然協助吳王，登上了霸主之位。

五爻爻變「隨」，卦辭分析：

即使吳王一直難以忘懷兩位愛妃的被殺，不肯原諒孫武，也該想到孫武的堅持，都是爲了吳國的強盛，縱然吳王很生氣，頂多不再重用孫武而已，也絕不會因此而殺了孫武。

上爻爻辭分析：

吳王爲了兩位愛妃被殺，傷心得連操演都沒興趣看下去，顯然吳王已經頹廢不振了，未能得到吳王的支持，孫武的威嚴已將瓦解，如果沒有積極處理，吳國的振興遙遙難及。

上爻爻變「噬嗑」，卦辭分析：

如果吳王能夠提得起放得下，能夠儘快忘記愛妃死亡的痛苦，積極重用孫武，嚴格訓練軍隊，整軍經武，必然能在群雄之間出人頭地。後來，果然吳王接受了孫武的「擾楚、疲楚、病楚」的策略，在孫武、伍子胥的領軍之下，隨同吳王伐楚，能以三萬人戰勝二十萬人，五戰五捷，終於實現了吳王稱霸的願望。

案例二十一：孟嘗君「買義」

戰國時代，齊國國君的弟弟孟嘗君位居宰相高位，家中養了食客三千，府中有位食客叫馮諼。

馮諼在孟嘗君府中作客，每天遊手好閒、白吃白喝，竟然還常常發牢騷，怪罪孟嘗君招待不周，出門時不像別的食客有專車侍候，用餐時沒有魚、也沒有肉。

孟嘗君知道了這件事之後，他應該如何處理才好？

分析：

孟嘗君是天下知名的好客公子，其地位之高，在齊國是一人之下、萬人之上。他供養著一大群食客，無非是爲了提高自己的社會聲望、鞏固自己的政治地位，也希望藉著這些食客的才能，爲他策劃、謀略，做爲將來事業前途、開疆闢土而事先設定的伏筆。

以孟嘗君的家勢財力，對於某個食客多花費些小錢，對他來說根本不是問題。他既然接納了馮諼，就不妨再大方一點，對他的待遇再提高一些。以孟嘗君的豪爽俠氣，倒沒想到立刻就要得到回報，他祇是單純的希望「大家對於他的擁戴愈熱烈愈好」。因此，本問題宜以「萃」卦討論之。

「萃」卦，卦辭分析：

孟嘗君號召了天下英才到他府中作客，成爲他私人所培養的人才庫，果然，孟嘗君的慷慨多金，使他贏得了四大公子的聲望，也收買了許多奇人異士，爲他提供建言、擘劃分析。

綜卦「升」，卦辭分析：

孟嘗君的聲望如日中天，愈來愈高，幾乎上逼齊王。此時的孟嘗君應該收斂節制，不要顯出逾越凌駕的態勢，否則，將會由於「功高震主」，因而逼迫君王，免不了「被打壓」的下場。

錯卦「大畜」，卦辭分析：

孟嘗君的積極進取、招賢納才的舉動太過招搖，難免會有人眼紅，也免不了會有人向齊王打小報告、進讒言。

初爻爻辭分析：

孟嘗君招賢納才，使得他的名望聲譽一直節節上升，對於馮諼的禮遇也一直沒有稍減，禮賢下士、求才若渴，聲威遠播天下，門下食客日益增多。

初爻爻變「隨」，卦辭分析：

如果孟嘗君並不是眞正的禮賢下士，就不會心甘情願地禮遇馮諼，頂多會重新考慮，按照學歷、才能、專長，調整安排適當的級職而已，以這種方式對待食客，也算是合於仁義之舉了。祇不過，若是眞的這樣做，歷史上就不會再有馮諼替孟嘗君「買義」的故事了。

二爻爻辭分析：

孟嘗君號召天下有才能的人，做為自己私人的幕僚、食客，按照才能之高低，編成不同的階級，給予不同的享受待遇。志同道合的一群人，逐漸有了組織，也形成了力量。

二爻爻變「困」，卦辭分析：

可惜的是，孟嘗君並沒能慧眼識英雄，看不出馮諼的眞本事，竟然把馮先生隨意安排成三級食客，難怪馮先生憤憤不平，發出了「食無肉、出無車」的牢騷。

三爻爻辭分析：

馮諼前來投靠孟嘗君，滿以爲會受到特別的禮遇，沒想到竟然被認定爲是個不入流的三級食客，此時的馮諼已經有了另投明主的打算。

三爻爻變「咸」，卦辭分析：

最終，馮諼並沒有離開孟嘗君，這是因爲孟嘗君非常認眞地處理了馮諼的抱怨，提高了位階，提高了待遇，賓主雙方都能感受到對方的眞心誠意。

四爻爻辭分析：

孟嘗君府中的三千食客，其中不乏政治、軍事專家，孟嘗君的聲勢如日中天，如果他有野心想要取代齊王，相信這些食客都會傾全力支持。

四爻爻變「比」，卦辭分析：

孟嘗君的食客當然都會一心一意地爲公子的事盡力。此時，馮諼自告奮勇地爲公子前往薛地收討帳款，結果，馮援竟然自作主張地把欠款全免了。債務人當然很高興，齊聲感恩戴德，此時，孟嘗君縱然有些不高興，卻也無可奈何。

馮諼本來可以藉此機會大大地表現一下，但是，他是眞心地爲了報答孟嘗君，並沒有刻意地逢迎的企圖，由此可以看出，「無所求而爲之」，這才是眞正的有情有義。

五爻爻辭分析：

孟嘗君號召天下英才，就應該特具慧眼，眞正能做到量才器使，使每位專才都能發揮到本身的專長。

對於馮諼，雖然初期沒能重視他，事後，孟嘗君卻能立即加以補償，把錯誤減小到最低點，這是很正確的做法。尤其是孟嘗君用對了人，馮諼豁免了「薛」地所有的債務，替孟嘗君買到了「義」，又很幸運地，孟嘗君當時並沒有表現出不高興，否則，難看的臉色就會把馮諼氣得「跳槽」。

五爻爻變「豫」，卦辭分析：

如果孟嘗君對於人才之選拔沒有太多的經驗（馮諼就差一點被埋沒了），不妨先建立分層負責的制度，大家公平競爭，以才能的表現定位品階，如此，大家就能心平氣和，心悅而誠服了。

上爻爻辭分析：

孟嘗君的食客們，大家同甘共苦、相處多年之後，終於也免不了面對考驗，由於王兄過世，新君繼位，孟嘗君失寵，遭受排擠，黯然下台。縱然孟嘗君曾經是權傾天下、豪氣干雲，此時眼見門下食客一一離去，也不免感慨萬分。

上爻爻變「否」，卦辭分析：

如果孟嘗君的門下都是見利忘義之徒，孟嘗君就會一蹶不振，甚至還會被人打落水狗。幸好，當年對馮諼有過知遇之恩，馮諼早就替孟嘗君預購了「仁義」。當時覺得浪費得「無理」，浪費了孟嘗君的財產，現在才感覺出它的功用。

下篇　策略《易經》

本書上篇所記述的是各種案例的分析，每一案例皆由分析找出分析的「主卦」，然後再以「綜卦」補充主卦之不足，其次又以「錯卦」提示主卦的相反情形。以後再按照每個卦六個爻的順序，逐次分析該爻的爻辭、該爻爻變以後之變卦。至於各主卦如何決定，端視分析者的認知而定，分析者可從《易經》六十四卦的「管理意義」，篩選出適合該問題的卦象，以此卦作爲「主卦」。

以「主卦」的卦辭，說明問題的整體概念，每卦的「初爻」之前，皆註明了「綜卦」、「錯卦」的卦名，以及這些卦屬於第幾卦，以便分析者容易查詢。

各卦按照演變的過程，以六個爻的爻辭來說明，每個爻如有變動，則以爻變後的卦辭分析。每爻的爻辭下端，也皆以括號說明了爻變後的卦象，以及該卦屬於第幾卦。

任何問題的發生、演變，都是狀況的變動，其應對的方法也不能一成不變，而需要以「策略」研究其對策，因此，本篇所欲介紹的《易經》，皆以「策略」爲主軸，因而本篇特稱之爲「策略《易經》」。

在敘述各卦象之前，先介紹一些《易經》的基本認識。

卦爻簡介

《易經》的所有變化，不外乎「卦」和「爻」的排列組合而已，每一爻可分爲陽（⚊）或陰（⚋），每三爻構成一卦，其中陰陽參差而成乾（☰）、坤（☷）、坎（☵）、離（☲）、震（☳）、艮（☶）、巽（☴）、兌（☱）等八卦；而文王又將八卦分成上卦、下卦，合爲六十四卦，每一卦有六爻，共有三百八十四爻。

八卦取象

乾爲天、坤爲地、震爲雷、巽爲風、坎爲水、離爲火、艮爲山、兌爲澤。

八卦口訣

乾三連／坤六斷／震仰盂／巽下斷／坎中滿／離中虛／艮覆碗／兌上缺

內、外卦

每卦六爻，上三爻爲外卦（上卦），下三爻爲內卦（下卦）。

卦爻辭

卦辭統論一卦之義，爲文王所繫。爻辭則僅論一爻之義，爲周公所繫。辭：係斷也，象此事物之意，乃孔子所作。

六爻位置

畫卦由下而上，第一爻稱爲初爻、初位陽、二位陰、三位陽、四位陰、五位陽、六位陰。以陽爻居陽位、陰爻居陰位爲正，否則爲不正。又，二位爲內卦之中，五位爲外卦之中，爲一卦之最重要位置。

爻之九、六

九數奇、六數偶，陽奇陰偶，凡屬陽爻者以九冠之，陰爻者以六冠之。

象、卦、各爻之作用

由象辭、彖辭可以看出事態之「總論」。

由下卦、上卦可以看出此事之前、後期發展。

初爻是看事態之「根本」。

二爻是看事態之「發芽」。

三爻是看事態之「成幹」。

四爻是看事態之「繼續成長」。
五爻是看事態之「事務發展之關鍵」。
上爻是看事態之「諸事成功之轉變」。
變卦是看事態之「檢討再進的轉機」。

六十四卦表

上下卦	乾天	兌澤	離火	震雷	巽風	坎水	艮山	坤地
乾天	乾爲天	天澤履	天火同人	天雷無妄	天風姤	天水訟	天地遯	天地否
兌澤	澤天夬	兌爲澤	澤火革	澤雷隨	澤風大過	澤水困	澤山咸	澤地萃
離火	火天大有	火澤睽	離爲火	大雷噬嗑	火風鼎	火水未濟	火山旅	火地晉
震雷	雷天大壯	雷澤歸妹	雷火豐	震爲雷	雷風恆	雷水解	雷山小過	雷地豫
巽風	風天小畜	風澤中孚	風火家人	風雷益	巽爲風	風水渙	風山漸	風地觀
坎水	水天需	水澤節	水火既濟	水雷屯	水風井	坎爲水	水山蹇	水地比
艮山	山天大畜	山澤損	山火賁	山雷頤	山風蠱	山水蒙	艮爲山	山地剝
坤地	地天泰	地澤臨	地火明夷	地雷復	地風升	地水師	地山謙	坤爲地

六十四卦

一、乾卦

【卦名解說】乾下、乾上（☰☰）。

乾卦，上乾，下乾，乾爲天，天行建，日夜無休運行不息，象徵君子自強努力不懈的樣子，故本卦曰「乾」。

【管理意義】雄壯積極。

【卦辭】乾，元亨利貞。

元，大也；亨，通也；利爲順利；貞爲貞固不變。乾爲萬物之首，及一國之首或企業的董事長，其經營、行事必須要正直光明，胸懷大志，努力不懈，才能夠獲得大眾、人民、消費者的信賴，其事業才會成功。

【綜卦】「乾卦」（第一卦）。

【錯卦】「坤卦」（第二卦）。

初九，潛龍，勿用。（爻變爲「姤卦」（第四十四卦））

龍之初生，氣力尚微，就如同尚未成年之人，事業未成，見識尚淺，即使胸懷大志之人，也不宜多管事務，也不宜強出頭。

剛開始踏入社會，不妨多看、多聽，少發表意見，先把事情弄清楚再下定論。

九二，見龍在田，利見大人。（爻變爲「同人卦」（第十三卦））

當潛龍已長成爲成年人，但此時尚不足以擔當大任，卻可趁此時期結交一些有作爲、有見識的非凡人士，最後，對於自己的事業或心性修養都將會有所助益。

開始廣交朋友，建立社會資源，以爲日後所用。

九三，君子終日乾乾，夕惕若，厲無咎。（爻變爲「履卦」（第十卦））

乾乾是指「努力不懈的樣子」；夕是「晚上」；惕是「惕勵」；厲是「認眞嚴肅」的意思。

有作爲、有遠大志向的人，其經營、處世要日夜經常戒懼謹愼，不可怠忽，這樣就可以排除困難，而無災害、過失。

即使小有成就，也要保持積極向上的精神。

九四，或躍在淵，無咎。（爻變爲「小畜卦」（第九卦））

有才之士，在事業崗位上已經發展至相當的成就，一有機會就可以再上層樓，但是若能小心謹愼，避免招嫉，一切行爲都能守恆以禮，就好像想要上進，但仍停在原來的水淵，如此就可不致過份招搖而惹禍上身。

應該保有鯉躍龍門的上進之心。

九五，飛龍在天，利見大人。（爻變爲「大有卦」（第十四卦））

大人是指「在高位的人」，或是「有才德之人」。

有才、有志之士，其學識能力、其職位權勢即使已經達到了相當成就，此時也還宜多結交有能力、有識之士，不論在事業上的相輔相成或協助本身事業更能飛黃騰達，皆有助益。參加社交活動可以結交很多朋友，其中有益於本身事業的，應該多加請益。

上九，亢龍有悔。（爻變爲「夬卦」（第四十三卦））

亢是「高傲」的意思。

事業、權勢與財富達到了項點之後，就要思考見好就收，切勿驕傲自得，亢進太滿，否則遇事難以轉圜，而徒自招致懊惱後悔。

事業太順利、太得意之後，難免意氣風發，驕形於色，不僅對手嫌惡，甚至原來幫助你的人，也會感到不愉快。

二、坤卦

【卦名解說】坤下、坤上（☷☷）。

上卦、下卦皆爲坤，坤爲柔順之至，故本卦日「坤」。

【管理意義】謙遜有禮。

【卦辭】坤，元亨，利牝馬之貞。君子有攸往，先迷後得主，利西南得朋，東北喪朋，安貞，吉。

坤代表地，代表女性的、陰性的、至順的；牝馬泛指雌性的；西南屬陰，而坤為陰性，因此有同類；東北屬陽性，因此說「喪朋」。

處理事務和為人處世，要能如女性般柔順，就能順利地進行。和有才、有德的君子交往，初期或會使人迷惑所為究竟為何，但是日久見貞，必然有所體會收穫。能和同氣相合、守正不阿的益友交往就能有所助益，否則就會交到無益有損的惡友。

【綜卦】「坤卦」（第二卦）。

【錯卦】「乾卦」（第一卦）。

初六，履霜，堅冰至。（爻變為「復卦」（第二十四卦））

履，「踐踏」、「實行」。

初期柔順，漸漸形成寒氣成霜，終於凝固成為堅硬的冰磚。為人處事，初期柔順，但若不能導以正向，也會漸漸成長如寒霜，甚至如同冰磚般堅剛不化。這是要求我們能夠從小由細微處注意，從小處養成善良、正確的觀念和態度。

生長的環境和啓蒙的教育對於一個人的人格發展、品德培養有相當重要的關係。

六二，直、方、大，不習無不利。（爻變為「師卦」（第七卦））

直為「正直」；方為「方法正確」；大為「大公無私」，可容納萬物。坤地得此三德，很自然地生長運行，經常刻意地修習，就能合規中矩，順利進行。

祇要心存善念、待人以誠，處事公正、公平，掌握住這些尋求最適方案永遠不變的原則，無論是否爲本人很熟悉、很有經驗的行業和職務，相信都必定能夠勝任愉快，得心應手。

六三，含章可貞，或從王事，無成有終。（爻變後爲「謙卦」（第十五卦））

含爲「包含」、「內心懷柔」；章是「表彰」；王事是指「國家大事」；成爲「成功」、「成就」；有終是指「有結果」。

爲人處事要能含蓄不外露，遵從上級之命，遂行任務，不要刻意彰顯自己的成就。不爭功，唯有全心完成任務而已。

做人部屬的不要和長官爭功勞、搶鋒頭，以免有不肖的長官懷恨在心，就會受到報復。

六四，括囊，無咎，無譽。（爻變後爲「豫卦」（第十六卦））

括爲包容之意；囊爲口袋。

將自己的智慧、才能沉藏在內心深處，就如同包在一個口袋內，平日謹言愼行，不多發表意見，雖然不會得罪人，但是也沒有機會獲得讚譽，無從建立功業。

六五，黃裳，元吉。（爻變爲「比卦」（第八卦））

黃爲五行中的中和之色；裳爲下衣。穿著黃色的下裳，雖然表示身分高貴，卻能表現和順、平易近人、禮賢下士。因此可以招納到許多有才之士爲其所用、輔佐事業，因而大吉。

上六，龍戰於野，其血玄黃。（爻變爲「剝卦」（第二十三卦））

陰柔到極致就會生陽，佔據陽位，必然會引起陽性、剛強不讓之爭戰。當爭鬥不已，陰與陽之間，免不了各有損傷，其血流染遍了乾坤。

三、屯卦

【卦名解說】震下、坎上（☳☵）。

屯是「聚集」、「困難」之意。

本卦上卦爲坎、爲水、爲陰，下卦爲震、爲雷、爲動，水下有雷震動，如同水中遇到阻難，因而本卦曰「屯」。

【管理意義】生聚教訓。

【卦辭】屯，元亨利貞。勿用，有攸往，利建侯。

侯爲「諸侯」、「首領」。

雷震基層，衝破坎之障礙，陽氣得以暢通，因而有大吉，但宜以守固堅貞，不宜私自妄動，而宜共同培養、推舉一位領導者，以領導眾人成就大業。

當市場上經濟趨勢尚未十分明朗，未來的前景還是一片渾沌景象，發展前途未見樂觀之時，不宜毛躁妄動，應該事先培養本身的能力，打好基礎，或是結交一些有助於事業發展的朋友，向他們請益，藉此建立人脈，作爲日後成功的奠基。

【綜卦】「蒙卦」（第四卦）。

【錯卦】「鼎卦」（第五十卦）。

初九，磐桓，利居貞，利建侯。（爻變爲「比卦」（第八卦））

磐桓是指「流連徘徊」的樣子。

當國家有難之時，不要急著求表現，不爭功發展，而宜於安守本職、充實自我，如此才能穩固日後建功立業的基石。

有本事、有能力的人，不必搶著爭出頭，自然會有人三顧茅蘆請他出山，如果沒有本事，即使搶到了一個重要的職位，也必然幹不久的。

六二，屯如邅如，乘馬班如。匪寇婚媾，女子貞不字，十年乃字。（爻變爲「節卦」（第六十卦））

屯是「阻礙」、「艱難」；邅是「難行不進」的樣子；乘是指「四馬所拉之車」；班是指「班列」。

當患難之際，事事阻礙難行，馬拉著乘車也是各自奔馳，沒有統一的目標，貞節的女子連婚姻都會耽誤，因爲她們不與盜寇婚配交往，必須守貞十年之久，才得有婚嫁之機會。

當局勢困難或是環境不穩定的時候，不必急於馬上就要施展抱負。不是理想的工作環境，寧缺勿濫，不要焦慮，能耐住心性，也許需要經過很長一段時間才能遇到適當良好的環境，表現自己的才華。

六三，即鹿無虞，惟入於林中。君子幾，不如舍，往吝。（爻變爲「既濟卦」（第六十三卦））

即爲靠近之意；虞是指古時掌管山澤政令的官吏；幾係「幾諫」，意指和顏悅色的勸導，舍即捨棄之意；吝，指悔吝、悔根之意。若無虞官的導引，即使入於山林之中，也無從接近鹿群。

善意的勸告君子之人，不如暫時放棄競逐，否則空自招惹一身悔意。

如果沒有專家的指引協助，很難抓住工作上的重點；或者是缺少了重要輔佐的人，也不容易提高工作績效和獲得人心的支持。此時應該多加強自我修養，暫時放棄一切競逐，以免徒勞無功懊悔不已。

六四，乘馬班如，求婚媾。往吉，無不利。（爻變爲「隨卦」（第十七卦））

當艱困之時期，駕「乘」車的四馬各自分奔，難於統合一致，此時宜求婚配，尋求聯姻合作，或是求奔朋友濟助，都能解決一些目前的不順利。

由於環境紛亂，千頭萬緒，雖然已經多年奮鬥，仍然無法順利遂行工作，此時，自知能力不足，不如放下身段，主動地求助於賢才朋友，共同協助處理事務，或許會有所幫助。

九五，屯其膏，小貞吉，大貞凶。（爻變爲「復卦」（第二十四卦））

膏是指「膏脂」。

屯聚膏澤，可以增厚實力，但是小屯有利，過份的積屯則不僅不利，或許還會帶來害處。

節儉是美德，但是過份吝嗇就會影響任務遂行。

上六，乘馬班如，泣血漣如。（爻變爲「益卦」（第四十二卦））

漣是指流血不止的樣子。

上六是屯卦之極，此時仍然無法統一前行之方向，極其痛苦悲慘，如同血流不止的樣子。

有抱負、有理想的人處在艱困的環境下，首先需要隱忍內斂、自我充實，絕不可輕舉妄動，必定要先尋訪專家的協助，才能事半功倍，見到功效。整頓後再出發，是有必然的效益，但若隱忍太久，甚至到攤牌分曉的時刻，仍然還看不出明顯的統一成效，此時前途必定是非常悲慘了。

四、蒙卦

【卦名解說】坎下、艮上（䷃）。

蒙是「蒙昧」的意思。

上卦，艮爲山，代表「止」，坎爲水，代表「險」，山下有水流有險，爲山所阻，不知流向何處，故此卦爲「蒙」。

【管理意義】開啓心智。

【卦辭】蒙，亨。匪我求童蒙，童蒙求我。初筮告，再三瀆，瀆則不告。利貞。

蒙是指「蒙昧」、「昏昧無知」；童是指「知識未開的孩童」；筮告是用蓍草卜卦。

知道自己之蒙昧，就是好現象，故爲亨。不是我去求無知的孩童來開導我，而是無知的孩童來求我開導，初次筮是誠心誠意的禱告，如果再三的煩問卦就是有褻瀆，再求就不靈了，當求告時，必須堅貞心意，才會有所收穫。

【綜卦】「屯卦」（第三卦）。

【錯卦】「革卦」（第四十九卦）。

初六，發蒙，利用刑人。用說桎梏，以往吝。（爻變爲「損卦」（第四十一卦））

發蒙是「開啓蒙昧」；刑是「懲罰」；桎梏爲「處罰刑具」。

當蒙昧初始的時候，開啓蒙昧要用懲罰之法，使人有所警惕方見成效，若是不敢用深刻印象的教導，將來很容易再犯無知之錯，其錯誤的影響，可能會令人遺憾終生。

企業初創，各種規章制度要明確清楚，而且要嚴格執行，違反者必須施以明確的處罰，施罰才能生威，促使大家確實遵從，否則就如同虛設的制度而無所用途。

九二，包蒙吉，納婦吉，子克家。（爻變爲「剝卦」（第二十三卦））

包是「包容」；納婦爲「接納」、「容忍妻子之行爲」；克家，意指「能負荷家事」。

對於任何的無知蒙昧都能包容，娶妻能夠接納妻子的一切對與錯，如此就必定能夠家庭幸福，也必能夠承擔起照顧家庭的重任。

一所學校裡可能存在各種各樣的學生，教育家不以學生的愚鈍而不耐煩，仍然能夠諄諄善誘，這種教育必定成功，學校也必能經營出色。

六三，勿用取女，見金夫，不有躬，無攸利。（爻變爲「蠱卦」（第十八卦））

金夫是指「尊貴的人」；躬爲「親身」。

六三爲以陰居陽，形成不倫不類、名不正言不順之象，不可取法。有事求教長者，而不能親自前往拜見請益，則誠意不足，長者無法傾囊相授，自己也不可能正心誠意地吸收多少名言智慧。

教育家的言行必定要中正、言行一致。尊重有學問的人，必定要誠誠懇懇地親自求教，顯示出尊崇之意。

六四，困蒙，吝。（爻變爲「未濟卦」（第六十四卦））

困指「困難」；吝爲「悔恨」之意。

蒙昧在此刻仍然是困苦未解，難免令人非常悔吝。

教導子弟、學生，施用了各種手法，但是仍然無法開導成功，直恨「朽木不可雕也」。

六五，童蒙，吉。（爻變爲「渙卦」（第五十九卦））

能自知像幼童一般的蒙昧，必然能夠不恥下問，這是非常好的現象。

縱然是終生奉獻、教人不厭、誨人不倦的教育家，當他遇到了難題，也會自承才能不足，如果能夠虛心求教於更有智慧的人，這是教學相長之福。

上九，擊蒙，不利為寇，利禦寇。（爻變爲「師卦」（第七卦））

打擊、消滅蒙昧無知，是教育的目的，但是在教導的過程裡，不要爲了戰勝「愚蠢和無知」而使得行爲像是強盜、土匪一般的霸道，而應該共同設法抵禦強權和暴力，才是教育、啓蒙所欲追求的方法。

教導學生雖說應該要求嚴格，但是不要忘掉了根本，不要爲了「教育」，而做出不該做的錯誤示範。

五、需卦

【卦名解說】乾下、坎上（☵☰）。

坎爲水、爲雲，乾爲天、爲陽光，雲在天上必須經由陽光的蒸發才能形成雨水，普降甘霖；因而此卦爲「需」。

【管理意義】務實待機。

【卦辭】需，有孚，光亨，貞吉，利涉大川。

孚指「誠實」；光爲「光明」。

等待時機的到來，如果能夠長久保持做人、做事有誠信，則前途必定光明亨通，事業必定順利。即使面臨多大的危險災難，也必能順利度過。

剛踏入社會，想要在事業上有一番成就的人，除了自己要先具備充分的條件之外，也要遇上適當的時機，因此，在等待的期間內要有耐心，而且要注意自己的言行，務必要守法、守信，這時候的誠信表現，就是奠定日後事業順利、前途光明無礙的基礎。

【綜卦】「訟卦」（第六卦）。

【錯卦】「晉卦」（第三十五卦）。

初九，需於郊，利用恆，無咎。（爻變爲「井卦」（第四十八卦））

郊是指「郊外」；恆是指「恆常」。

坎爲險，九爲陽剛，初期最好遠離是非險惡之地，遠遠地避開爭鬥場面，耐心有恆地等待時機的到來，如此才能夠不致招禍上身，確保平安。

踏入一個新的工作環境，對於周遭還不熟悉。每個團體經常會有派系的傾軋，此時不宜貿然捲入了爭鬥的漩渦，應該遠離是非中心，要很有耐心地守住本份，等待最佳且能夠發揮的時機來臨。

九二，需於沙，小有言，終吉。（爻變爲「既濟卦」（第六十三卦））

沙是指「地基不牢固之地」。

在不穩固的環境下等待時機，難免會聽到一些閒言閒語，此時不必理會它，最後閒言和閒語將會慢慢趨於平淡而消失，就會平安無事的。

在工作崗位上等待時機的到來，本身的能力和聲望還不穩固，也還沒有得到有力的支持時，難免會有派系之間爲了利益的爭奪或是由於拉攏與排斥的爭鬥，就會產生一些流言。此時祇要內心坦蕩蕩，不要過份在意，就能大事化小而諸事趨於平淡安詳。

九三，需於泥，致寇至。（爻變爲「節卦」（第六十卦））

泥指「泥淖」，陷入難以自拔。

等待時機的期間，由於行爲不小心，陷入泥濘而難以脫身，以至於外亂入侵。

侵犯到了近身，在等待時機時仍要小心注意，不要捲入派系爭鬥的漩渦，以免是非纏身，以致脫身不得，而敵人的箭頭隨時隨地都會針對著要害而不放鬆。

六四，需於血，出自穴。（爻變爲「夬卦」（第四十三卦））

血是指危難情況戰鬥時的鮮血；穴是指「洞穴」。四爲坎卦之始，在爭鬥流血的世道下，此時宜守靜安居於洞穴內。

在血淋淋的爭鬥環境下等待時機的到來，爲了避免自家人的自相殘殺，寧可柔順地離開居住之穴，以免爭鬥纏身，難以自拔。

工作環境中，派系爭鬥不已，而且演變愈來愈劇烈，甚至是流血的悲劇，爲了避禍，另換一個工作環境也是有必要的。

九五，需於酒食，貞吉。（爻變爲「泰卦」（第十一卦））

等待時機時，祇要注意自己的生活飲食，儘量少發表議論，日子就會平安順利，就不會惹禍上身。

不要介入派系的意氣之爭，也不捲入政見的爭鬥，不妨把生活步調放得輕鬆一些，閒暇時飲酒自娛，但要保持堅貞的原則，不任由環境所左右，如此就能吉祥順利。

上六，入於穴，有不速之客三人來，敬之終吉。（爻變爲「小畜卦」（第九卦））

三人指下卦的三陽爻。

上六已至卦的終了，回到洞穴住處，此時會有三位不速之客入侵，也不必和他們爭鬥，祇要以禮相待，就能相安無事。

工作環境中永遠有不斷的爭吵情形，到了後期，已經不需要、也不能再謙讓，而躲避離開自己的崗位，還是應該回到固定的工作環境，此時不免有些找麻煩的人前來找碴，此時衹要能夠以禮相待，表現出誠意，就能化解紛爭而得到吉祥平安。

六、訟卦

【卦名解說】坎下、乾上（☰☵）。

本卦爲坎下、乾上，乾爲至剛，坎爲水、爲險，乾與坎各不相讓，所以有爭訟情形，故稱爲「訟」。

【管理意義】爭訟衝突。

【卦辭】訟，有孚，窒。惕，中吉。終凶。利見大人，不利涉大川。

窒是指「窒礙不通」之意；惕是「警惕小心」；中爲「中庸不偏」。

當與人爭辯理論的時候，縱然自己很有誠信、有理，也會遭遇窒礙不通的情形，若能自我警惕，中庸爲杜，不致偏激，才能保住自己不受傷害。如果氣憤不平，必定要爭訟到底，就會有凶不利。爲了爭取正義，能找到有見識、有權威的人士仲裁最佳，絕不要爲了爭一口氣，冒各種危險。

自己認爲理直氣壯的道理，不見得別人也會認同，尤其在訴訟時期，一切講求證據，如果拿不出有效的證明，即使在公堂之上，也仍然無法判定誰是誰非，此時千萬不要意氣用事，莽撞的結果必然害人誤事。如果能夠利用第三者夠份量的影響力，以協調的方法調解，比硬碰硬法庭爭訟有利得多。

【綜卦】「需卦」（第五卦）。

【錯卦】「明夷卦」（第三十六卦）。

初六，不永所事，小有言，終吉。（爻變爲「履卦」（第十卦））

永是指「長久」。

初期陰六，應當柔順處世，對於爭訟之事不宜擴大、拖延，即使有一些閒言閒語也不必計較，終究就會大事化小而無事的。

剛踏入社會工作，人事、經驗都未穩固，不要爲了一些小事非要爭個明白不可，如果能夠放寬胸懷，不斤斤計較，就能大事化小，小事化無，不愉快的事終於就忘記了。

九二，不克訟，歸而逋，其邑人三百戶，無眚。（爻變爲「否卦」（第十二卦））

逋爲「逋逃」、「逃亡」之意；眚爲「過失」之意。

自覺理屈或是感到對手勢力太強，無法打贏訴訟，就回到鄉里隱遁了起來，入主村邑三百人口的鄉親，都會因此而免去了牽連的災禍。

當你的爭訟對手是黑社會老大，或是有財有勢的達官貴人，爲了避免自己親朋好友遭受池魚之殃，千萬不要心存意氣之爭，寧可忍氣吞聲，放下身段，放棄作無謂的爭訟。

六三，食舊德，貞厲，終吉。或從王事，無成。（爻變爲「姤卦」（第四十四卦））

食指「食祿」；舊德是指「原有之祿位」；王事是指「上級交辦的事」。

如能嚴格地貞固惕勵，借助舊有祿位庇蔭，最終仍會平安吉祥，但如果衹是奉上命之意行事，而無創新突破，到最後也不會有特殊成就。

一味地愚忠，不見得就對得起君王，要能主動地替君王設想，哪些事情做了之後，會有正面的或是負面的效果，如果是不好的影響，應該誠心誠意地忠諫，才是眞正的「忠」。

九四，不克訟，復即命，渝安貞，吉。（爻變爲「渙卦」（第五十九卦））

復即「復轉」之意；即命是「就命」、「認命」；渝爲「改變」之意。

爭訟了許久仍然不能勝訴，就該將爭訟之念頭轉變爲認命，此時能安心認命，死心踏地的接受現實，就不會產生不該有的煩惱了。

爲了實現自己的理想，一再向上級陳情希望爭取到認同，但是辛苦堅持了很久之後，到後來仍然沒有被接納的跡象，就不要再堅持己見了，不妨放棄成見，同意別人的意見，至少還能獲得「皆大歡喜」的安慰。

九五，訟，元吉。（爻變爲「未濟卦」（第六十四卦））

元爲「萬本之始」。

爭訟之事要從根本著眼，根本如果能夠合情合理，合於正道，則訴訟雙方都會心悅誠服而萬事順利。

討論或爭辯任何事物，要能保持不偏不倚的心態，不要花言巧語欺騙對方，也不要以勢大氣粗欺凌對方，否則即使表面上贏了，也不易贏得對方從內心裡的誠服。

上九，或錫之鞶帶，終朝三褫之。（爻變「困卦」（第四十七卦））

錫即「賞賜」之意，鞶帶爲「寬大的帶子」。

爭訟到最後，即使因爲爭訟勝利了，得以獲頒「大帶」的殊榮，然而這種榮耀很難長久，很可能要面對許多次的爭訟爭奪戰。

工作有所表現，確是由於認真努力而獲得了獎賞，當之無愧，就不會令人嫉妒、眼紅。但是如果是打垮別人，踩著別人身子而攀奪的榮耀，是不會維持長久的，被鬥倒的人其心中怨氣難平，必定會日思夜想地再挑毛病打擊對方，這種情形所得來的光彩當然很快就會被別人搶走。

七、師卦

【卦名解說】坎下、坤上（䷆）。

師者眾也，本卦爲坤上，坎下，坤爲地，坎爲水，地下水很多，是聚置之象，故爲「師卦」。

【管理意義】爲將之道。

【卦辭】師貞，丈人，吉無咎。

丈人是指「有才能之人」。以有才能之人率領群眾，才會有利而無咎。能召集一群人創立一個企業，必須要有足夠的才能、資源，才足以成就大事。

【綜卦】「比卦」（第八卦）。

【錯卦】「同人卦」（第十三卦）。

初六，師出以律，否臧，凶。（爻變為「臨卦」（第十九卦））

律為「紀律」；否為「不好」、「不善」；臧為「好」、「善」。

訓練軍隊要守紀律，不然的話，無論「戰敗」或「戰勝」都不會有好結果。

經營企業要守法、守信，否則，無論經營公司賺或賠都會帶來危難。

九二，在師中，吉，無咎。王三錫命。（爻變為「坤卦」（第二卦））

九二為陽，率領群陰，剛柔並濟，為將帥之象，因而吉而無咎。君主倚重至極，再三賜獎攏絡。

在公司中如能顯出超人的才華，不僅能夠出人頭地，而且公司的老闆也會非常倚重。

六三，師或輿屍，凶。（爻變為「升卦」（第四十六卦））

輿為「車子」之意；輿屍為「共同抬舉陣亡的屍體」。

軍隊之號令不是集中於「一人」之統一意見，而是來自眾人七嘴八舌的主張，這是軍令不能統一的現象，這種軍隊無法執行作戰任務，勉強出戰，必遭戰敗。

由於領導者的能力不足，以至於公司缺乏統一集中的思想體制，如果每件事都要徵求大家意見，就會不知所從，將會影響公司的順利發展。

六四，師左次，無咎。（爻變為「解卦」（第四十卦））

左次是「退避」之意。

軍隊不與敵軍正面交鋒，而取退避之戰術，無功也無過。

商場上，不與競爭對手的公司做削價上的大血拚，不做正面衝突，就不至於兩敗俱傷。

六五，田有禽，利執言，無咎。長子帥師，弟子輿師，貞凶。（爻變爲「坎卦」（第二十九卦））

田有禽是指社會上有惡人當道，此時應當有人仗義執言、率兵討伐，師出有名而無過錯。但是如果長子統率大軍，討伐叛逆，而其弟弟們卻又插手多管干涉，此時即使如何地理直氣壯，其前途也很凶險。

相同理念的朋友們要能統一陣線，事先溝通意見，千萬不要同一個黨團的自己人說法前後不一，做法也不同，內部不團結就必然招致失敗。

上六，大君有命，開國承家，小人勿用。（爻變爲「蒙卦」（第四卦））

大君是指「國君」；開國爲「闢疆」封土；承家爲「分封家業」；勿用是指「不指派重要職務」之意。

國君論功行賞，對於作戰功勞最大的功臣封爲諸侯，或是分封家業爲大夫，而無才德的小人，即令是有功勞，也不應以職務上的重用作爲賞賜。

論功行賞，但要考慮其才能職分，如果德行、專長不符合的人，寧可頒發獎金作爲獎勵，而不宜以分封職位爲酬庸。

八、比卦

【卦名解說】坤下、坎上（☵☷）。

比爲親近之意，坎爲水、坤爲地，水在地上，流動之處所遇之物必與該物非常密切，故稱之「比」卦。

【管理意義】同心協力。

【卦辭】比，吉。原筮元永貞，無咎。不寧方來，後夫凶。

比是指「親近」、「親比」之意；筮是「占卜」之意；元是指「善意」；永是指「恆久」；貞是指「貞正」；不寧是指「不安寧」。

朋友之間要能親比和祥，考驗某人是否具有元、永、貞三種德行，如果都已具備，親比之情就是無所悔咎，如果感到不安寧了才來求親友的人，此種親比靠不住而有凶險。知友相交不是爲了特別的企圖，如果有目的才來親近，必然是爲了有利用價值才來交往，此種朋友不宜深交，不能太信任他。

【綜卦】「師卦」（第七卦）。

【錯卦】「大有卦」（第十四卦）。

初六，有孚比之，無咎。有孚盈缶，終來有他，吉。（爻變爲「屯卦」（第三卦））

孚爲「誠信」之意；缶爲「盛酒的瓦器」；終來是指「終於」。

初期朋友之親比，必基於雙方的誠信，如此則雙方都有益而無害。如果誠信之情非常豐富到滿溢出器，這是誠之至極，其最終所能獲得的，還會有一些無法預料的其他益處。

「誠信」，看起來似乎是傻乎乎的，但是深交之後雙方會終生受用不盡。

六二，比之自內，貞吉。（爻變爲「坎卦」（第二十九卦））

六二與九五相比，是發自卦的內部涵意，其意貞固而吉祥。

當雙方眞誠、眞意地，由於內在意氣相投的親比，其堅貞更勝於一般的朋友親密。

六三，比之匪人。（爻變爲「蹇卦」（第三十九卦））

匪是指「不誠信之人」。

至此時期，難免會有誤交損友之情形，亦即親比之人會有不誠信之情形。

幸運之人一開始就能結交眞誠相待的好朋友，此後必然就會放開胸懷大膽地相信別人，但是人不是永遠地幸運，一不小心就會遇上了不誠信的壞朋友。

企業經營，互誠互信是必須的，但也不可能完全天眞無邪地相信對方。經營上必要的偵檢手續絕不可隨意放鬆。

六四，外比之，貞吉。（爻變爲「萃卦」（第四十五卦））

四爲外卦之始，四與五之比爲外比，本卦爲九五爲陽剛而居正位，四與五爲合情合誼之親比。外比或可比喻爲次一階段之親比，祇要眞誠待人，必將會交到眞誠的朋友。

交友要眞誠待人，必會有眞誠回報。

九五，顯比，王用三驅，失前禽，邑人不誡，吉。（爻變爲「坤卦」（第二卦））

顯是指「光明正大」；王是指「君王」；三驅是指狩獵時「網不合圍」，不追殺在前奔逃的野獸；邑人指「百姓」。

與人親比應該光明正大，絕不是因爲私人狎暱而親近，君王狩獵絕不趕盡殺絕，因爲其內心不至於惡狠到毒害萬方，全國的百姓民眾也不必終日心驚膽跳，好像時時都要準備受誡似的，這是一種天下太平、萬民有福之吉兆。

不要用不正當的方法，或是以威勢強迫別人的友誼。

上六，比之無首，凶。（爻變爲「觀卦」（第二十卦））

首是指「領導者」。

與之親比已經到了推心置腹的地步，如果仍然無法結交到足以領導眾人的「領導者」，這些力量終是無法整合發揮有效的功能，這不是未來能有良好發展的好現象。

自以爲是的交友方法，到終了仍然不見眞誠的回饋，可見是方法用錯了。

九，小畜卦

【卦名解說】乾下、巽上（䷈）。

畜與「蓄」道，小畜即「小積蓄」。

上卦爲巽、爲風、爲柔順，乾爲剛健，在下。以柔克剛，祇能牽制一小部份，其作用不是非常明顯，僅是小蓄而已，故本卦曰「小畜」。

【管理意義】戒慎隱忍。

【卦辭】小畜，亨。密雲不雨，自我西郊。

雖然不是非常正大的積累力量，慢慢地積蓄也能順利進行。由於祇是小蓄，一時之間還不足以將雲行雨，「小雲頭」也祇能在偏遠的西郊一帶空自晃蕩，暫時還不能發揮太大的影響作用。

【綜卦】「履卦」（第十卦）。

【錯卦】「豫卦」（第十六卦）。

初九，復自道，何其咎，吉。（爻變爲「巽卦」（第五十七卦））

復爲「回復」；道是「道路」、「道理」、「主張」。

初時本身才能不足，尚待慢慢培養力量之時，事業進展緩慢、力量微弱，甚至還會被擠回原來的道路，對於這種情形不必介意，也並非是任何人的缺失，可以視作人之常情，是正常合理的反應。

剛剛踏入社會的年輕人，縱然自認爲才高八斗、創意無限，但因爲經驗不足，人情世故未通，許多抱負和理念不爲世人接受，最後終於又屈服於現實的平庸，這種情形極爲自然，並非因爲自己才能不足而致，不必過份耿耿於懷。

九二，牽復，吉。（爻變爲「家人卦」（第三十七卦））

牽是「牽」、「拉」的意思；復是「回復」之意。

有外力或是朋友相互牽拉，可以使偏離的能量拉回正道，這是很好的現象。好朋友的作用不僅可以互相拉抬，升高力量，也是互相規勸向善的動力。

九三，輿說輻，夫妻反目。（爻變為「中孚卦」（第六十一卦））

輿是指「車子」；說通「悅」字；輻是指「車輪中的直木」。理論上，車廂和車輪的直木應該永遠不會碰在一起，如果兩者像是由於相喜、相悅而混合成一處，這就如同夫妻的爭吵成一團，因而顯得格格不入了。

不同的意見和相互矛盾的觀念、事物一旦碰在一起，就會摩擦產生不和，當積儲資源之時，要注意安排有序，不要產生相互矛盾而抵消了力量。

六四，有孚，血去惕出，無咎。（爻變為「乾卦」（第一卦））

孚是「誠信」；血是指「血光」、「傷害」；惕是「警惕」、「恐懼」。

當誠心誠意地待人交友、廣結善緣的時候，外人不會加以傷害，也沒有恐懼事件發生，因而是無災無殃的狀況。

待人以誠，內心坦蕩蕩，就不會終日胡思亂想害怕別人的報復、暗算，心平氣和、身體健康，就無痛無災。

九五，有孚攣如，富以其鄰。（爻變為「大畜卦」（第二十六卦））

攣指「拳曲不伸」的樣子。

當慢慢儲積資源、培育力量之時，由於一向為人誠信，各方人才皆已延攬加入自己的一夥，不僅自己有了豐富的力量，也可以嘉惠友鄰，使大家都能得到幫助。

力量是愈累積愈多，愈誠信不私，愈易獲得友情力量支助。

上九，既雨既處，尚德載，婦貞厲。月幾望，君子徵凶。（爻變爲「需卦」（第五卦））

既是「已然」、「既然」；雨是指「積雲致雨」；處是「居處」；尚是指「崇尚」、「還有」之意；德是「道德」；載是「裝載」；婦是指「陰柔」之意；貞是「堅貞固執」；厲爲「危厲」；望是「月滿之時」。

當積儲資源已經到達了相當的程度時，也已在某些處所施行了許多甘霖恩澤，道德也已滿盈，但是也免不了會遇到陰柔不明的一些意見，其意圖堅決而且態度尖銳危厲。當陰柔的月亮盛極到快要月滿之時，君子可要小心，不宜妄動，因爲凶惡徵候已經出現。

長期慢慢地聚積了許多資源，漸漸地也能顯現出濟國救危的力量，也有了許許多多的良好表現，但是不可忘了，這些積蓄的力量畢竟有限，如果遇上強大的陰柔的反對勢力時，仍然無法與之抗衡，還是要收歛，小心爲是。

十、履卦

【卦名解說】兌下、乾上（☰☱）。

履是指「履行」、「實踐」之意。乾爲「天」，爲「剛健」，兌爲「澤」，爲「悅」，天在上澤在下，表示外表剛健而內心和悅，這種和悅、剛健使人信服，相信可以「履」行所交待之事物，故本卦曰「履」。

【管理意義】戒懼謹慎。

【卦辭】履虎尾，不咥人，亨。

咥是「咬」的意思。

行走時踏到老虎尾巴，而老虎也不咬人，這是因爲行事時小心謹愼，即使遇到危險，也可以完善地處理，而本身也不至於受到傷害。

即使身入虎穴，身陷重圍，祇要事先有了充分的準備、完善的規劃，就能履險如夷。

【綜卦】「小畜卦」（第九卦）。

【錯卦】「謙卦」（第十五卦）。

初九，素履，往無咎。（爻變爲「訟卦」（第六卦））

素是指「樸素」、「簡樸」。

執行任務的時候要一本初衷，不爲外物誘惑而影響行事的本意，這樣去做就會順利達成任務，不致有所差錯。

大多數的人一開始都會想把事情辦好，但是行事途中可能受到人情壓力，或是受到了色利誘惑，因而被迫改變了行事的初衷。其後果可能會觸犯國法，也可能由於處事太公正，引起衆人的嫉恨而生災禍。

九二，履道坦坦，幽人貞吉。（爻變爲「無妄卦」（第二十五卦））

坦是指「平坦」、「通暢」；幽人是指「內心平靜之人」。頭腦冷靜、內心坦蕩蕩之人，其行事沒有牽掛、沒有私心，必然順利。處世的寬廣大道，順其自然平易而行，能堅貞、固守理念，就能免除各種紛爭，無憂無災。

因爲內心平靜之人不易受到功名利祿的外力誘惑，因此能夠固守中道而不亂，如此才能長保處事安詳而順利。

六三，眇能視，跛能履，履虎尾，咥人，凶。武人為於大君。（爻變爲「乾卦」（第一卦））

眇是「眼睛瞎了」；跛是「腿瘸了」；武人是「武夫」、「有勇無謀之人」；大君是指「國君」。

瞎子還自認能看東西，瘸子還想健步行走，這種莽撞行爲，一旦踩到了老虎尾巴（陷入危機），必被老虎吞噬，這是非常危險的。這種情形就有如暴虐的武夫，想憑武力奪取到大位一樣的危險。

自己有多少本事，就做多少事，不要逞能、貪功。能力不足即使佔據了高位，也不能順利地執行該做的事。

九四，履虎尾，愬愬終吉。（爻變爲「中孚卦」（第六十一卦））

愬愬是指「恐懼的樣子」。

當踩到了老虎尾巴，能夠覺得恐懼，就會謹慎地設法擺脫險境，最終就能夠平安無事的。

當身陷危困的時候感到了恐懼，就表示內心立刻能夠有所警覺，此時由於已有警惕，就必會設法解困、補救，遇事能謀，最後仍然會得以脫困而平安。

九五，夬履，貞厲。（爻變爲「睽卦」（第三十八卦））

夬爲「決而不疑」的意思。

做事如果毫不考慮後果就蠻幹下去，必然會落到嚴厲無情的下場。無論在什麼情況之下，處事待人步步要踏實，隨時要考慮周詳，即使本身道理充分、理直氣壯，也應該心存保留，不要過份盛氣凌人，如此才能確保不受挾怨報復，而能安詳無恙。

上九，視履考祥，其旋元吉。（爻變爲「兌卦」（第五十八卦））

視是指「回顧」；考是「考察」；祥爲「吉祥」；旋是指「周旋」；元與「圓」通。

回顧過去所履行的事蹟，考核其中的功過，如果都是吉祥而無過，表示此期間人與事的運作、周旋都能圓滿而順利。

定期檢討業務的情形，執行期間如果都能夠順利進行，必然是由於各方面的應對和思慮都能完善無缺。這也是要我們仍然長存戒懼謹慎，要爲下一期任務之順利而事先謀劃。

十一、泰卦

【卦名解說】乾下、坤上（☷☰）。

泰是「泰平」、「安泰」之意。

地在上，天在下。「地」本應該向下發展，「天」應該極力向上。在管理學的理論中，希望成本愈小愈好，但是初期成本之解，往往數額很大，而漸漸地一步一步向下求解；而又希望利潤愈大愈好，但是初始之解，其數額往往又是非常之小，再經多次努力向上改善。求極小的成本，由上往下降；求極大的利潤，由下往上升，當此二者交會於某一點時，就是得到最佳解的時候，此時必然有平衡穩定的圓滿之解，這是平衡、安泰之象，故本卦曰「泰」。

【管理意義】國泰民安。

【卦辭】泰，小往大來，吉亨。

乾在下，往上，地在上，往下，如此就能有交會點，就有得到平衡穩定的時候，這是吉利亨通的現象。

公司裡的多項業務都能清楚、明白地知道努力的方向，上下同仁相互之間沒有矛盾，都能協調一致，就是全體之福。

【綜卦】「否卦」（第十二卦）。

【錯卦】「否卦」（第十二卦）。

初九，拔茅茹，以其彙，徵吉。（爻變爲「升卦」（第四十六卦））

茅茹爲「茅草根」之意；彙爲「彙集」之意。

當國家社會泰平之時，君子出入社會能夠受到激賞、重視，則連帶其同窗、朋友皆都可能因而網羅，這是整體徵才的好現象。

對於某些特殊的人才，如果他們對社會有益，也許剛一畢業就會被高薪所網羅，這種現象就說明了社會發展的方向已定，因而也有明確的求才方向。

九二，包荒。用馮河，不遐遺，朋亡，得尚於中行。（爻變爲「明夷卦」（第三十六卦））

包爲「包容」；荒爲「荒誕」、「放縱」；馮河爲「徒手渡河」；遐爲「遠方」之意；遺爲「遺忘」之意；朋亡謂「失去了朋友」。

做事要能達到中正無偏之道，必須先做到：一、對於荒誕的不良份子能寬大包容；二、能徒手渡河、勇敢果決；三、不忘記久遠的老朋友，表示念舊之意；四、對於朋友之情不可過份遷就，總要守法守度。這樣子嚴格地要求，當然不免就會失去一些朋友，但是這是在所難免、無可奈何的事。

待人處世能做到寬大、勇敢、有情而守法紀，才能夠處於中道，而不致偏激。

九三，無平不陂，無往不復，艱貞無咎。勿恤其孚，於食有福。（爻變爲「臨卦」（第十九卦））

陂是指「山坡」、「不平之地」；恤是指「憂心」。

在國家太平、社會治安上軌道之時，處事即使經常順利平安，也絕不會永遠平坦順利而無險坡，也不會祇有往而沒有回，平安、危險也會時時交替發生。但是不必洩氣，此時祇要能夠謹愼小心，不要放縱，能夠固貞守正，就能平安無事。不必擔心別人是否誠信，因爲倘若對方不誠，他自己就會耗費掉自己的福分。

即使在非常安定、有制度的企業團體中，也要時時警惕會不會發生泰極否來的情形，自己盡心盡力、爲人誠信是大家都能夠明瞭看得到的，不必介意別人如何回應。

六四，翩翩不富，以其鄰，不戒以孚。（爻變為「大壯卦」（第三十四卦））

翩翩為「疾飛」的樣子。

在有制度、上軌道的社會裡，不按部就班地發展，就不可能一步登天、飛快地致富。此時對於鄰友應以誠信相待，不該緊緊張張地戒慎恐懼，或是不相信對方的品德。

上軌道的社會，一切交由完善的制度，循序漸進，眾人的發展機會平等。因此，諸事不必操之過急。由於此時是個以誠互信的社會，你能以誠待人，別人也必會以誠相報。

六五，帝乙歸妹，以祉元吉。（爻變為「需卦」（第五卦））

帝乙是商紂王之父，意指「帝王」；歸妹是「妹妹出嫁」；祉為「福祉」；元吉為「大吉」之意。

以帝王妹妹之尊下嫁於平民，六五為陰，為順，此爻強調六五下應九二，此二者為正應，亦即此平民必定是一位行事中道，守本份而認真之人，則此家道必定有無盡的福祉。

當某人事業一帆風順，做事勤勞認真，而又能娶到了溫柔體貼的老闆的女兒，相信此人一定會事業順利，家庭美滿。

上六，城覆於隍，勿用師，自邑告命，貞吝。（爻變為「大畜卦」（第二十六卦））

隍是環繞城牆的「乾溝」；師是指「大眾」；告命即「上級頒布的命令」；吝是指「吝惜」之意。

上六為泰之極致，泰極否來，如同城牆傾倒於乾溝，一切的豐碩建設再又回歸烏有，此時大軍和民眾心志渙散，因爲無人聽從，已經不可再用城門頒布命令，能夠堅貞地執行任務的人，將是愈來愈少。

安不忘危，危不忘亡，隨時要保有憂患意識，才不至於久處安樂，忘記了戰鬥的本能，否則一旦面臨危險就會無所適從了。

十二、否卦

【卦名解說】坤下、乾上（☰☷）。

天在上、往上飛，地在下、往下鑽。求極大者，在上，愈往上，求極小者，在下，愈往下，兩者之目標永遠沒有交集之可能，亦即永遠不能達到穩定狀態，永遠處在混亂震盪的狀態，因而此卦曰「否」。

【管理意義】局勢混亂。

【卦辭】否之匪人，不利君子貞，大往小來。

否爲「泰」的反面、「不亨」之意；匪人指「小人」。

在「否」的社會裡，小人充斥，不利於君子正道之運作，求極大的在上、往上，求極小的在下、往下，兩者永無交集，混沌亂世難以得到寧靜。

【綜卦】「泰卦」（第十一卦）。

【錯卦】「泰卦」（第十一卦）。

初六，拔茅茹，以其彙，貞吉亨。（爻變爲「無妄卦」（第二十五卦））

在小人當權、社會紊亂的時候，君子與其同窗好友全體不宜妄出社會，應該固守住堅貞的信念和道德，隱忍不出，才能保住本身的平安，因而才得以免於災害

當社會祥和，一切制度都上了軌道，君子當道的時候，鼓勵志同道合的朋友們一同出仕努力打拚，祇要肯用心就會有出人頭地的機會；但是在世道敗壞的社會裡，有志氣的君子不要貿然地出頭，應該量力而行，三思再進，趁此機會應該多充實自我，修身養性，以待時機成熟時能有一番作爲。

六二，包承。小人吉，大人否亨。（爻變爲「訟卦」（第六卦））

包爲「包容」之意；承爲「承受」。

在「否」的社會裡，雖然世道紊亂，但是不得不包容承受現實的一切，由於小人當道，因此虛僞諂媚之人處處得意風光；而有道德的君子大人則應堅守正道、順勢應時，能在「否」的環境裡求得生存，以待亨通時日到來。

即使社會環境多麼混亂，也不必氣餒，不用怨天尤人，應該承認事實，不要和得勢的小人鬥氣，要能堅忍不拔，所謂「天地之大德曰生」。祇要能堅持到底，終有見到否極泰來的時刻。

六三，包羞。（爻變爲「遯卦」（第三十三卦））

包是「包養」、「包藏但不使外人看見」之意；羞是「羞慚」之意。

在小人當道的「否」之社會，君子之人經常會受到小人無理之折辱，爲了保全自己，此時應

該隱忍不發，吞含一切羞辱。

當年韓信忍受胯下之辱，就是做到了包羞的意境，也終於成就了一位歷史上的名將。

九四，有命，無咎，疇離祉。（爻變爲「觀卦」（第二十卦））

有命即「聽從天命」；疇是「疇發」、「往日」之意；祉是「福祉」之意。

在混亂不安的世道裡，一切聽從上天的安排，如能隨遇而安就會無災無禍，平安度過（即使他的往昔已經遠離了福祉）。

不要生活在過去的痛苦裡，應該撫平舊日的創傷，順應天命，期待有希望的未來。

九五，休否，大人吉。其亡，繫於苞桑。（爻變爲「晉卦」（第三十五卦））

休是「停止」；亡是「危亡」之意；繫是「關係於」；苞桑比喻「穩固的根基」。

當「否」之局勢已至末期時，唯有吉祥有德的大人君子才能停止「否」之局面，而使之轉危爲安。

時時禱念著危亡，能夠安不忘危，時有警惕，就像是緊緊拴在茂盛的桑樹上，穩固而不可拔。

上九，傾否，先否後喜。（爻變爲「萃卦」（第四十五卦））

傾是「傾倒」之意。

否極泰來的時候，傾覆排除「否」之一切，初時可能並不順利，但是祇要有誠意、有耐心，最後終必成功，獲得喜訊。

由於邪惡的勢力霸佔世局太久，即使大勢明確，也要有耐心地等待，時間到了終必會否極泰來。

十三、同人卦

【卦名解說】離下、乾上（☰☲）。

同人是指「與人共事」之意。

本卦乾上、離下，乾爲天，離爲火、爲麗，火光上升，而天日相互輝照，萬物與人因而同照光明，故此卦稱之爲「同人」。

【管理意義】團隊精神。

【卦辭】同人於野，亨。利涉大川，利君子貞。

野是指「民間」，不是指政府機關。

在民間並非權力中心的單位裡，與人共事都能互助合作、通達順利，祇要人人同心協力，就沒有什麼困難、危險的險境就可度過，君子正道則有利，否則有害。

在沒有利害衝突的情形下，與人共事都能平安無事，相處愉快，如果無法相處得很暢快的時候，可能就是有利害上的衝突，尤其在爭權奪利的狀況之下，很難再保持原來的君子風度，一旦起了爭吵，就無法團結一致、共同克服逆境了。

【綜卦】「大有卦」（第十四卦）。

【錯卦】「師卦」（第七卦）。

初九，同人於門，無咎。（爻變爲「遯卦」（第三十三卦））

門是指「家門」、「家族」之意。

一開始就在自己的家族內與人共事，此時都能利害一致，而不會有危害之情形發生。

與自己的家族之人共事，先決之條件必須在家族之內都能和睦相處，否則家族之意義已經消失了。

六二，同人於宗，吝。（爻變爲「乾卦」（第一卦））

宗是指「宗族」、「宗黨」；吝是「鄙吝」之意。

做人、做事祇相信和重用自己同一黨的親朋好友，其事業之發展必定會受到阻礙，而無法順利推動。

事業不彰、心胸不開闊的人，不敢也不能放開胸懷，勇於接納別人的建言，祇敢信任自己熟悉的近親，這就像似「近親繁殖」，難以開啓創新的格局。

九三，伏戎於莽，升其高陵，三歲不興。（爻變爲「無妄卦」（第三十三卦））

伏是「藏伏」、「藏匿」之意；戎是「兵戎」、「軍隊」；莽是「草叢」；升是「登高」之意；高陵是「高地」；興是「興旺」。

帶著大批軍隊，卻藏匿在草莽叢林之中，此時登上高處觀察情勢，三年也無法興盛發達。

做事沒有膽識，畏首畏尾，猶豫不決，不能當機立斷，雖然以往已有相當的人力資源背景，但仍然不敢妄動，完全沒有冒險的精神，很難成就大事業。

九四，乘其墉，弗克攻，吉。（爻變爲「家人卦」（第三十七卦））

乘是「順應」之意；墉是「高牆」之意。

敵方憑藉著高牆屏障，此時不宜強攻，這樣才不會多加損失，這種處理的方式是最適合的作法。

如果對方後台強硬，老闆或是總經理都支持他，就不要和他作對，以免自尋煩惱。

九五，同人，先嚎啕而後笑。大師克相遇。（爻變爲「離卦」（第三十卦））

嚎啕爲「大聲哭喊」；大師指「大軍隊」；克是「克服」；相遇是「指遭遇的故人」。

與人共事，能先想到憂患悲傷而哭，而後由於悲憤振作終能獲勝而大笑。這種隨時抱有憂國憂民意識的大軍，必能克服任何來襲的敵人。

隨時都以爲國、爲民設想，時時想到萬一不幸的情形，因此能夠早有戒懼，對於任何意外能設想，而能有備無患。

上九，同人於郊，無悔。（爻變爲「萃卦」（第四十五卦））

當有同黨或是同志相聚共謀大業時，最好選在較偏僻、別人較不易注意的地方，免得使人起疑，如此就不致由於疏忽而引起懊惱。

結黨營私是任何團體都很忌諱的行爲，即使有相識交好的朋友，也不要在公開場合過份親近，以免招人疑忌，引起誤會。

十四、大有卦

【卦名解說】乾下、離上（☲☰）。

離爲太陽，乾爲天，太陽在天上，萬事萬物皆在其照耀之下，皆爲其光明所涵蓋，故稱此卦爲「大有」。

【管理意義】豐裕富足。

【卦辭】大有，元亨。

無論從事何種行業或做任何事，祇要每一想到都會愉快、興奮而發生興趣，感到希望無窮，這就是「大有」。此時無論做什麼，勢必定都會順利亨通。

【綜卦】「同人卦」（第十三卦）。

【錯卦】爲「比卦」（第八卦）。

初九，無交害，匪咎，艱則無咎。（爻變爲「鼎卦」（第五十卦））

匪是指「不是」的意思。

當「大有」初時，不會由於交往之故而產生災害，經常要想到不會造成錯誤的行爲，則要時時緬懷當年的艱難困苦，如此收斂驕奢放縱之情，就不會再犯錯誤了。

富有的人最容易陷入交往不愼的陷阱，許多人巴結著和富人交往，也許是別有用心，覬覦對方的錢財或是逢迎拍馬，此時要時時注意收斂行爲，不要暴露出令人垂涎的事或物，就不會敗露出致人危害的機會。

九二，大車以載，有攸往，無咎。（爻變爲「離卦」（第三十卦））

載是「裝載」；攸是「快跑的樣子」。

「大有」尚未極盛之時，如同用大車載負著重任遠赴他鄉，急速積極地前往，如此認眞的投入，做事就不會犯錯也不容易跌倒。

當接到任務時，能夠很高興、喜悅地去執行，就會令人愉快，工作表現得好，就不致受到上級的指責，同事相處也會樂觀開朗，也會因而少犯很多錯誤。

九三，公用亨於天子，小人弗克。（爻變爲「睽卦」（第三十八卦））

公是對人之「尊稱」，指對國家、社會有貢獻或有功勳的人；亨是「通達」之意。

有爵位、有成就的重要人物當「大有」之時，以其才能財富，能通達、貢獻於國家天子。而小人則不會如此公忠體國，就不可能將其才能、財富貢獻於天下。

大企業家、大政治家和大商人、政客之不同之處，就在於前者一心一意爲全體、爲國、爲民，而後者祇能做到一己之私而努力。

九四，匪其彭，無咎。（爻變爲「大畜卦」（第二十六卦））

匪是「不要」之意；彭是「膨脹」、「盛大」之意。

當有了成就和財富之後，不要過份招搖、自吹炫耀，這樣就不致招災惹禍。

即使有了一些成就，也不要因此而自傲自滿，如果恃才傲物，就會引起別人的記恨，而發生意想不到的災禍。

六五，厥孚交如，威如，吉。（爻變爲「乾卦」（第一卦））

厥是指「他的」之意；孚是「誠信」；如是表示「如此」、「這樣」之意；威是「威嚴」。

即使有了財富、地位，交友也要出於誠信，其行動處事必須要有威信，如此就會處事順利，而無意外災禍。

有財有勢的人，他的朋友就會變得特別多，其間的交往難免寒暄、應酬，令人感到有敷衍之感，如果能夠根除此點，就會令人難以忘懷。「貴人易忘事」，也就是有了財富地位後，由於應酬太多，往往講過的話會忘了，這是引起別人厭惡的另一個重要因素。

上九，自天佑之，吉無不利。（爻變爲「大壯卦」（第三十四卦））

當「大有」到了極點之後，仍然要希冀上天的庇佑，也就是諸事要順從自然的法則，不違逆、不徇私，上天就會愛護保佑他，凡事就會吉利，而不會有不利的情形發生。

財富和權勢愈多，眞正的朋友就會愈少，能夠誠心誠意地待人處事，上天也會眞誠的回報他。

十五、謙卦

【卦名解說】艮下、坤上（☷☶）。

謙是「謙讓」之意。

坤爲地、在上，艮爲山、在下，高山在居地之下，充分顯示謙卑之象，故本卦爲「謙」卦。

【管理意義】 行事謙恭。

【卦辭】 謙，亨，君子有終。

謙讓有禮，不與人爭，人也不與己爭，因此一切亨通順利，而這種謙恭之美德，祇有君子才能夠始終如一，小人則無法長久，終必會見利思遷。

【綜卦】「豫卦」（第十六卦）。

【錯卦】「履卦」（第十卦）。

初六，謙謙君子，用涉大川，吉。（爻變爲「明夷卦」（第三十六卦））

初六爲陰、爲柔，爲謙恭之至的君子，其行事爲人，可以涉險臨難，由於謙沖有禮，可以遠離是非災難，一切都會吉祥有福。

「伸手不打笑臉人」，祇要待人有禮，即使稍有誤會冒犯，也都可以通融原諒。

六二，鳴謙，貞吉。（爻變爲「升卦」（第四十六卦））

鳴是「聲響」的樣子。

當君子之謙恭名聲傳播遠揚，若是謙讓之心態是出於內心的貞潔、誠懇，則會吉祥，否則不吉。

謙虛是美德，會受到大家的尊敬，但是過份的謙虛就變成了虛僞，這種有目的、並非出自內心眞誠的謙恭，很容易就被大家所識破而厭惡。

九三，勞謙君子，有終吉。（爻變爲「坤卦」（第二卦））

勞是指「勞動」、「功勞」。

有功勞而又能夠謙恭禮讓，有功而不自居，唯有君子之人才能長久有始有終，因此爲大吉。眞正有修養的君子，其謙恭禮讓是發自內心的修養德操，不是外力所勉強而行的，因此能夠自然而然的做下去，而不改其初衷。

六四，無不利，撝謙。（爻變爲「小過卦」（第六十二卦））

撝是「發揮」之意，撝謙爲「發揮謙德」。

發揮謙德之美，要對上、對下皆能一致，不要有所偏，不要矯揉造作，則行事無所不利。有所選擇的謙恭，並不是發自內心的美德，那是爲了作秀的表面功夫，很容易就被別人看穿而遭到厭惡。

六五，不富，以其鄰，利用侵伐，無不利。（爻變爲「蹇卦」（第三十九卦））

爲人謙恭者，絕不以其本身之財富驕其近鄰，甚至能非常收斂地使鄰人們根本沒感到此人富驕之氣，如用「謙恭」作爲使人信服的工具，則無論何種對手必然都會心悅誠服的。

上六，鳴謙，利用行師，征邑國。（爻變爲「艮卦」（第五十二卦））

鳴是「著稱」之意。

謙遜的人不使人產生戒心，不會產生敵意，因此大家都願意信服他，非常自然地接受他的意見。

謙之極處，謙恭之名聲著稱於百姓大眾之間，可以利用這些大眾之輿論，去征伐反對者、征討邑國，使大家都能接受自己的意見。

當謙讓之聲人人皆知、家喻戶曉之時，可以利用這種向心的凝聚力，使得鄰邑都願意聽從意見。

十六、豫卦

【卦名解說】坤下、震上（☷☳）。

豫是「喜悅」、「安樂」之意。

震爲雷、在上，坤爲地、在下，雷聲由地底而出，亦即「大地一聲雷」，表示吐氣開放，一切舒暢，故本卦爲「豫」卦。

【管理意義】幸福愉悅。

【卦辭】豫，利建侯，行師。

爲使人民都能安居樂業，生活無憂無慮，最好能建立諸侯分土而治，建立地方自治，如有任何叛亂，應該調動大軍討伐亂賊。

建立國家的目的是要保護人民，使人民能免於災害，能安定人民生活，使民眾沒有後顧之憂。但是，建立國家就先要建立各種自治制度，和成立一支強大保護人民的軍隊。

【綜卦】「謙卦」（第十五卦）。

【錯卦】「小畜卦」（第九卦）。

初六，鳴豫，凶。（爻變為「震卦」（第五十一卦））

鳴，「得意」而發出聲響。

事務剛剛開始順利就表現得得意至極，處處誇耀，甚至舞弄出喜不自勝的聲響，如此容易招人嫉妒引人嫌惡，其結果為凶。

嫉妒之心人皆難免，當某人得到了好處，佔到了便宜，很可能就是另外一些人吃了虧，他們無法也得到同樣的好處，這些人必然內心不會愉快，此時不要再故意炫耀，加重嫉妒之心，惹人反感。

六二，介於石，不終日，貞吉。（爻變為「解卦」（第四十卦））

介是形容「堅貞」。

君子雖處在歡愉的時光裡，但是其節操還是如堅石般地穩固不變，對於不良的惡習也能時時警惕，不必拖延太久的時間就能改過，如此就會貞潔吉祥。

處在順境的時候，常常得意忘形而不知天高地厚，也忘掉了做人做事的規矩和禮義，這是人之常情，但是，一旦警覺到自己行為發生了偏差，就應該立即調整行事方法，以免遭致嫉妒而受到懲罰。

六三，盱豫，悔。遲有悔。（爻變為「小過卦」（第六十二卦））

盱是「張開眼向上看」的樣子。

不要被表面的利樂景象所欺騙，見到一片祥和的假象，就完全沒有了戒心，盡情陶醉在安樂無憂的日子裡。其實這是很不保險的，利樂的假象裡，很可能包藏著無數災禍。此時要睜大眼仔細地觀察，免得日後懊悔莫及。一旦知悔，就應該迅速地改正，免得更後悔。

「生於憂患，死於安樂。」完全沒有憂患意識，終日沉迷在自以爲幸福的日子裡，一旦災害臨頭毫無防衛能力，此時就會後悔莫及了。

六四，由豫，大有得。勿疑，朋盍簪。（爻變爲「坤卦」（第二卦））

朋是指「朋類」，「朋友」；盍是「集合」之意；簪是用來整理頭髮的「首飾」。

由於環境適宜，事事順利而內心愉悅，此時必然會有許多人前來送禮等人情酬謝之情事。不必疑惑這些前來者的用意，應該相信大家的誠意，都是同氣相連的好朋友，此時就好像是用簪子把大家聚攏在一起一樣。

人在順境的時候，由於心情愉快、精神振作、待人和氣，別人就願意和他接近，也由於頭腦清醒、靈敏，眾人也多願意前來請教，朋友就會愈來愈多了。

六五，貞，疾，恆不死。（爻變爲「萃卦」（第四十五卦））

貞是「堅貞」；疾是「疾病」、「痛苦不順利的事」。

當處在愉悅的環境中，要堅貞守住正道，不要樂而忘憂，要時時警惕，就能長保順利和愉悅的美好。

不要被愉悅沖昏頭，不要忘本才能長保純真的本質，才不至於被大眾所厭棄。

上六，冥豫，成有渝，無咎。（爻變爲「晉卦」（第三十五卦））

冥是「昏暗」、「愚昧」之意，成是「完成」，渝是「改變」之意。

糊裡糊塗地興奮、得意了許久，此時是非未明，即使錯誤已經發生了，但是如果能知道有所改變，仍然可以免除加深災害，而可無咎。

「知錯能改，善莫大焉。」不必耿耿於懷過去的錯事，祇要能早一日改過，就能早一日減少許多惡果。

十七、隨卦

【卦名解說】震下、兌上（☳☱）。

隨是「跟隨」、「隨從」之意。

本卦之外卦爲兌、爲澤、爲悅，內卦爲震、爲雷、爲動。內動爲外悅，就是聽從、跟隨之意，故本卦爲「隨」。

【管理意義】追隨盡職。

【卦辭】隨，元亨利貞，無咎。

元亨、利貞代表「仁、義、禮、智」。

跟隨別人辦事效命，能夠做到仁、義、禮、智，當然就會一切順利無誤了。

盡心盡力做本份內該做的事，不做愚蠢的事，合於義，也合於禮，這種辦事的態度和表現，無論是誰都會覺得滿意的。

【綜卦】「蠱卦」（第十八卦）。

【錯卦】「蠱卦」（第十八卦）。

初九，官有渝，貞吉。出門交有功。（爻變爲「萃卦」（第四十五卦））

官是指「行政職務」；渝是「變動」；交是指「交往」；出門是指「不私自親暱」。變換職務、升官升職，必須堅守正道，不以不正當的手段，才是吉道，不正則不吉。結交朋友應該公開、大方，不要鬼鬼祟祟，如此才可使工作發揮最大的功效。

行政職位的調動，不以升官或降階爲計較，而應考量必須合於正道，應該接受的職務，捨我其誰，就要毅然地接受，不要私相授受，也不要結黨營私，坦然面對大眾，不要被別人疑忌而扯後腿。

六二，繫小子，失丈夫。（爻變爲「兌卦」（第五十八卦））

小子指「地位低下」、「年紀輕的人」；丈夫是指「年長」、「有地位」的人。結交朋友，如果經常來往於年輕人或是基層的勞工階層，就會失去和高階層建立關係的機會了。

低階層和高階層之差距，不僅在年齡、地位上，而在處事的觀點上也有不同，如果和低階層人士接觸太多，不僅減少了與高階層交往的機會，而且在基本的觀念上，也已產生了距離。

六三，繫丈夫，失小子。隨有求得，利居貞。（爻變爲「革卦」（第四十九卦））

和地位高的人交往，就會失去和下階層群眾交往的機會。此時追隨有權勢的人能夠得到所要的東西，但是要堅守正道方爲有利，否則有害。

有才德的君子不必刻意排斥有權勢的人，也不要反對和高階層人士交往，能藉此發揮影響力也是很有意義的，但是不要忘記了自己該堅守的正道原則。

九四，隨有獲，貞凶。有孚在道，以明，何咎。（爻變爲「屯卦」（第三卦））

獲是「獲得」；孚爲「誠信」；明是「光明磊落」之意。

跟隨而不排斥就有所獲，若以此種行爲，長期還自以爲忠貞合理，就會有凶、不利。如果事事以誠信、光明正大行事，爲公不私，就不會有錯。

跟隨著某些意見，也許是爲了志同道合，也許是由於利益均霑，必然會得到一些好處，但是這種不合理、不是正道的行爲，不可經常，否則就變成了貪贓受賄，終有一日行事敗露，還會受到法律的制裁。

九五，孚於嘉，吉。（爻變爲「震卦」（第五十一卦））

嘉是「嘉獎」之意。

誠信的行爲受到了稱讚、嘉許，表示大家都認同誠信的重要，這種現象非常吉利。

行事鬼祟，經常以欺詐爲生的人，絕對不會由衷地稱讚別人的誠信，因爲他自己從來做不到誠信，也不會相信別人的誠信。

上六，拘繫之，乃從維之。王用亨於西山。（爻變爲「無妄卦」（第二十五卦））

拘是「拘束」、「限制」之意；維是「維繫」；亨是「亨通」、「通達」之意；西山是指「高尙的志士」隱居於西山。

君王網羅主要的「肱股之臣」，想要他們聽從自己的約束，使用各種手段，期望這些重臣能夠相隨不離，因而君王表現出至深的誠懇之意，爲訪賢達而不辭辛勞遠赴西山，尋訪所欲拜求的高士。

爲了能將有才德的人網羅成自己的人，不惜降尊紆貴、三顧茅廬，這都是表現出愛才、求才的做法和誠意。

十八、蠱卦

【卦名解說】巽下、艮上（䷑）。

蠱是指「腐敗」、「毒害」、「迷惑」之意。

艮爲山、爲止，巽爲風、爲柔，山下起風爲高山所阻，必定會捲風而回，草木皆被吹倒，此種是凌亂敗壞之象，故稱爲「蠱」卦。

【管理意義】整飭混亂。

【卦辭】蠱，元亨，利涉大川。先甲三日，後甲三日。

涉大川是指「冒險犯難」；甲是指「穿盔甲的士兵」。

事物腐敗、凌亂，欲使行事從根本上通暢，必先修飭整頓使之恢復正常，如此則有利於涉險犯難。整飭事物時必須身先士卒，行軍攻堅要在士卒之前，撤退以及後路之安頓又是要負責安全，押陣墊後，若有享樂之處，也應把自己安排在最後。

【綜卦】「隨卦」（第十七卦）。

【錯卦】「隨卦」（第十七卦）。

初六，幹父之蠱，有子，考無咎，厲終吉。（爻變爲「大畜卦」（第二十六卦））

幹是「辦事」、「整飭」之意；考是指「完考」，即已去世的父親；厲是「勤勉」、「奮起」之意。

整飭父親所遺留之蠱亂，能有子如此，其先考的過錯都能掩飾而無錯，要能如此勤勉徹底的整飭過錯，才會眞正地弭平過去的誤失，才能得到眾人的諒解。

上級所做錯的事，也許他自己無法體認嚴重性，即使他自己知道錯了，礙於臉面，硬是不認錯，當然也不肯悔改。作爲優良的部屬，要積極認眞地爲長官排解，消除他過去所犯的過錯，如此才能革除過去的弊病，使得單位士氣重新振作。

九二，幹母之蠱，不可貞。（爻變爲「艮卦」（第五十二卦））

整理母親所做錯的事，不能太固執堅持。

在中國古代一直是男性父權的社會，對於父親所做的錯事，其子皆能眞心瞭解，而母親爲女性，長期被壓抑在內心、心理問題，不是一般人子所能體認的，若是單憑剛直的反應，率性地整理，很容易由於誤解而造成莫大的悔恨和錯誤。

判定事物的是非，如果牽涉到內心的感情，或是內含的不為人知的隱情，此時不能再以常情驟然處理。

九三，幹父之蠱，小有悔，無大咎。（爻變為「蒙卦」（第四卦））

整頓父親所犯的錯誤，會受到一點晦氣和責難，但由於是剛直正道的執行，因而不會有太大的過失和過錯。

把父親以前所做錯的事情一律推翻，難免會冒犯了父親，甚至也會引起父親同事、父執輩的不滿，但是由於前人所做的事的確不光彩，而後人又是義正辭嚴地為父親贖罪改過，即使有些不滿，倒也不會太嚴重。

六四，裕父之蠱，往見吝。（爻變為「鼎卦」（第五十卦））

裕是指「寬容」；吝是「羞恥」之意。

以寬容的態度對待父親所犯的錯誤，這樣做是可恥的。

對於自己父親或是長官所犯的錯不要隱瞞，也不要極力掩飾或原諒，否則將會使過去的錯誤愈來愈深。這恐怕也不是父親所願見到的。

六五，幹父之蠱，用譽。（爻變為「巽卦」（第五十七卦））

整飭父親所做錯的事，這是非常合理有意義的事，一定會受到各方肯定和讚譽。

眞心為大家、為社會的福利，敢於大義滅親，承認錯誤，勇於承擔悔改，相信大家都會敬佩和稱讚。

上九，不事王侯，高尚其事。（爻變爲「升卦」（第四十六卦））

當把腐敗的亂事整飭完畢之後，回想做這些事不是爲了王侯大官們所做的，而是爲了國家、社會所應盡的責任，不求償，不邀功，如此更能凸顯出以前所做的各種整飭事務的崇高節操（做事認眞努力不是爲了某位長官，而是爲了對得起良知，爲自己負責任）。

十九、臨卦

【卦名解說】兌下、坤上（☷☱）。

臨是從高處往下觀察，亦即「領導」之意。

坤爲地，在上，兌爲澤，爲水、在下，在水岸上觀看水澤，以上臨下，故爲「臨」卦。

【管理意義】聚集力量。

【卦辭】臨，元亨利貞。至於八月有凶。

元亨利貞是代表「仁、義、禮、智」（或春、夏、秋、冬）；八月是指「秋末」、「入冬」之時。

爲人領導者，應當做到仁、義、禮、智。當進入了盛世之末的時候，漸漸陽氣衰弱，陰氣開始盛強，亦即君子道消、小人道長開始，對於領導力產生了衝突，容易發生危險。任何一位掌權的主管，一旦面臨任期屆滿的時候，免不了情緒浮動，有些勢利小人已經開始另作打算，原來對主管的恭謹，可能要打了一些折扣。

【綜卦】「觀卦」（第二十卦）。
【錯卦】「遯卦」（第三十三卦）。
初九，咸臨，貞吉。（爻變爲「師卦」（第七卦））
咸是指「皆」、「都」之意。
上級領導下級，所有的事物皆包含在領導的範圍之內，若能保持堅貞正道，就能令下屬心悅誠服，命令下達就會能貫徹一致。
身爲業務主管，如果本身的道德操守不良，雖然道德和所屬業務無關，但這位主管的領導威信盡失，必然也會影響了業務的推行。
九二，咸臨，吉，無不利。（爻變爲「復卦」（第二十四卦））
九二爲陽、爲剛，與六五爲正應，此時之全面領導關係建立良好，上下互相配合融洽，因此一切吉利，沒有不順利的情形。
爲人主管者，其本身爲人剛正，又有良好的學識能力，則無論在哪一方面的領導都會令人心悅誠服。
六三，甘臨，無攸利。既憂之，無咎。（爻變爲「泰卦」（第十一卦））
甘是指「甜美」；攸是「有所關係」之意。
領導者盡用些甜言蜜語的方法帶領部屬，並不能帶來實質的好處，如果事先都能有所警惕而憂慮，實事求是，就不至於衹會空口說些動聽而做不到的話，就不會再犯令人瞧不起的虛僞動作了。

競選時，各種候選人信口開河，亂開支票，對於說出的話如果不能兌現，下一次就不會再有人相信他了。

六四，至臨，無咎。（爻變爲「歸妹卦」（第五十四卦））

領導者親身來至現場領導、督陣，這時會提高現場士氣，因而也會提高事務的效率。

古時候，御駕親征就是爲了提高士氣、振奮軍心的一種做法。

六五，知臨，大君之宜，吉。（爻變爲「節卦」（第六十卦））

知是「智慧」；大君是指「雄才大略，偉大的領導者」；宜是指「適宜」、「應當」。

雄才大略的領導者能考慮到以智慧來領導爲最適宜的方式，這對於國家、社會是樂觀的現象。

能夠借力使力，能夠集合眾人的智慧、力量共同管理，這樣才能事半功倍，發揮出領導的才能和管理的效果。

上六，敦臨，吉無咎。（爻變爲「損卦」（第四十一卦））

敦是指「敦厚」。

領導者的領導風格能夠厚道體諒和尊重人性，眾人必定會心悅誠服，領導也必然會成功。

待人以誠，人必以誠回報。如果在高位時待人作威作福，一旦權力無法企及，領導力就沒有了。

二十、觀卦

【卦名解說】坤下、巽上（☴☷）。

觀是「觀察」、「觀看」之意。

本卦巽爲風、在上，坤爲地、在下，風吹過了大地，萬物都浸浴在風的洗禮，接受風的觀看，故本卦爲「觀」卦。

【管理意義】審時度勢。

【卦辭】觀，盥而不薦，有孚顒若。

盥是「盥洗」之意；薦爲祭祀時的「進獻」；孚爲「誠信」；顒若爲「嚴正的樣子」。

尚未下定決心，尚在觀察的時期，此時衹需洗手淨身以示誠敬即可，並不必進獻牲畜，也不必全程參與祭神活動，衹需表現出誠信、嚴肅景仰的態度即可。

【綜卦】「臨卦」（第十九卦）。

【錯卦】「大壯卦」（第三十四卦）。

初六，童觀，小人無咎，君子吝。（爻變爲「益卦」（第四十二卦））

童觀是指「以兒童般幼稚的觀看事物」；吝是「羞吝」之意。

若是普通的平民，由於見識不足，觀察事物時所觀不明，非常幼稚，這還不算有錯；而若是一個有見識的君子也是如此，則是羞吝了。

犯了同樣的錯，若發生在很有知識的人身上，就很不應該，若發生在一個沒受過高深教育的人身上，倒還可以原諒。

六二，闚觀，利女貞。（爻變爲「渙卦」（第五十九卦））

闚同「窺」字，「偷窺」、「竊視」之意。

女子身居內室，不可正視觀看屋外的事物，祇可躲在門後偷窺，這才是適合女子之貞德。男女有別，女子不方便正視，祇好在暗處竊視，但是男子則不該如此鬼祟，不大方。

六三，觀我生，進退。（爻變爲「漸卦」（第五十三卦））

我是指「自己」；進是指「出仕爲官」；退是指「退隱」。

觀看自己的情況和條件來決定應該出仕爲官或是辭官退隱。總之要審時度勢，衡量清楚。適合從事什麼樣的工作職位，要看客觀的環境和本身的條件，不要盲從、草率，要量力而爲，因時制宜，適才適所。

六四，觀國之光，利用賓於王。（爻變爲「否卦」（第十二卦））

光是「光彩」；賓是「服從」、「歸順」之意。

觀察這個國家的政教，如果績效文明光耀，則適合於歸順朝廷，效命於君王。選擇職業也是要觀察該公司的制度、福利、發展前途，如果都很好，就很願意留下來參加公司的服務。

九五，觀我生，君子無咎。（爻變爲「剝卦」（第二十三卦））

「我生」是君王稱呼其「子民」。

當國君觀察他的臣民們，如果都是行於正道的君子，則身爲國君者就算稱職，就沒有什麼過錯了。公司的老闆看到他的職員們個個都能認眞勤奮地工作，製造出有益社會的產品和服務，這位公司老闆就可以感到欣慰，無愧於社會了。

上九，觀其生，君子無咎。（爻變爲「比卦」（第八卦））

觀其生是指「君王自己爲其臣民所觀」。

當臣民們看到君王，其行爲守德盡善，確是君子，則君王就沒有錯誤了。

二十一、噬嗑卦

【卦名解說】震下、離上（☲☳）。

噬是「咬」的意思；嗑是用牙「咬破堅物」；噬嗑是比喻以強硬的手段執行任務。

上卦爲離、爲電，下卦爲震、爲雷，電雷交加，聲勢驚人，任何阻礙都會在雷電夾擊下粉碎，就像是嘴中有物用力咬碎一樣。故本卦曰「噬嗑」。

【管理意義】靖難懲惡。

【卦辭】噬嗑，亨，利用獄。

獄是指「監獄」。

排解紛爭和消除社會的障礙，使能正道伸張，可以利用監獄和刑罰，幫助治理國家內政。

【綜卦】「賁卦」（第二十二卦）。

【錯卦】「井卦」（第四十八卦）。

初九，屨校滅趾，無咎。（爻變爲「晉卦」（第三十五卦））

屨是「踐履」；校是「木枷」，一種「刑具」；滅是「消滅」、「禁止」；趾是指「腳趾」、「蹤跡」。

刑罰之最初者，僅是在腳上施加木枷，禁止其行動自由，這種處罰不會造成侵犯人性的傷害。

處罰的意義在警惕不可再犯，對於初犯或是輕犯，適度的處罰也就夠了。

六二，噬膚滅鼻，無咎。（爻變爲「睽卦」（第三十八卦））

膚是「皮膚」、「外表」之意；鼻是指器上「隆起如鼻的部份」。

當執行政事需要實施刑罰的較深入之層次時，要將表面上一切礙眼、不合法的清除，以及對於突出的、阻礙通行的過錯一律加以剷除，這樣做還不至於苛刻，也能公平約束，因此不會有任何糾紛麻煩。

處罰要公正、公平，要一視同仁，不能有特權份子，以免處罰不公而造成了民眾的怨恨。

六三，噬臘肉，遇毒，小吝，無咎。（爻變爲「離卦」（第三十卦））

「臘肉」，乾而硬，久藏有毒。

處理政事時，遇到積壓陳年的舊案，就像吃臘肉一般，又乾又硬，而且必定難以處理，處理時一不小心還會受到毒害，但是還好衹會有小小的挫傷，並不至於有太大災害。

為了消除禍端，即使會惹禍上身，也要堅強地接受挑戰。不惹事，但是也不躲事，該做的就必須迎身面對。

九四，噬乾胏，得金矢，利艱貞，吉。（爻變為「頤卦」（第二十七卦））

胏是「連骨的肉脯」；金矢是「金屬箭頭」。

治理政務時，遇到除奸去惡的大案，如同啃食乾胏之困難，此時必得有堅硬如剛的直言，硬剁肉脯，無畏艱難。從艱困中能堅貞不屈，則有利於解決困擾，懲奸除惡，這樣是解決問題的有效方法。

處理事務要秉持原則，不能心軟，也不要受迫於權勢，以堅定的信心、正義的理念作為達成任務的後盾。自己先訂下期許，為了達成任務的自尊，也許就是一項強有力的金矢。

六五，噬乾肉，得黃金，貞厲，無咎。（爻變為「無妄卦」（第二十五卦））

貞是「忠貞」、「意志堅定」；厲是「勤勉」、「奮起」之意。

在治理政務時，遇到案情複雜的問題，非常難以處理，而此時很可能會有人以黃金加以賄賂，影響事務的處理，處理政務者必須要固守貞正，常懷勤勉，就不會有大錯了。

能以大筆金錢干預事務處理的人，通常其位階都很高，不接受賄賂就是忤逆，而若順從了他的意思，一旦禍事暴發，這些人必然會推卸責任，甚至還會反咬一口，因此堅定意志，不為外力動搖是最安全的保障。

上九，何校滅耳，凶。（爻變為「震卦」（第五十一卦））

何與「荷」同意，表示「負擔」；校是「木枷」；滅耳表示「刑具掩蓋了耳朵」，亦即「砍頭」之刑。

罪刑極度嚴重時，受罰者荷負著刑具，受到砍頭之刑罰，治理政務如果不能以德感召，不能化育四方，最後要逼得以殺人的最下策處理，這是說明了施政的無力感，是非常凶惡的現象。

二十二、賁卦

【卦名解說】離下、艮上（䷕）。

賁是「修飾」、「美化」之意。

上卦為艮、為山，下卦為離、為火。火在山下燃燒，照耀著山上草木五光十色，非常絢麗，像是在裝飾、打扮一樣。故此卦為「賁」。

【管理意義】內修外養。

【卦辭】賁，亨。小利有攸往。

攸往是「有所關係」之意。

修飾、裝扮可以增加光彩、美化形象，有助於做事順利方便。然而，這種表面上的美化祇適用於小事情，至於重大事務的決定，還是要看有沒有真正的內涵和深度。

【綜卦】「噬嗑卦」（第二十一卦）。

【錯卦】「困卦」（第四十七卦）。

初九，賁其趾，捨車而徒。（爻變爲「艮卦」（第五十二卦））

趾是指「腳趾」，或是指「行動」、「舉止」；徒是指「徒步」。

爲了修飾自己的樸實德行，捨去乘車而以步行前進，表示並不汲汲爲求高官、乘坐華車，而寧可走路與平民同行。

每到選舉的前刻，各候選人刻意地接近民眾，噓寒問暖，和一般平民打成一片，表現出親民、愛民的形象。

六二，賁其鬚。（爻變爲「大畜卦」（第二十六卦））

鬚是「鬍鬚」。

美化修飾自己的鬍鬚。鬍鬚是顏面的一部份，內心的想法透過臉上的表情顯示出來。如果毫無掩飾、毫無修飾的表現出自己的情緒，很容易就會得罪人，也很容易把自己的弱點從表情透露出來。

九三，賁如濡如，永貞吉。（爻變爲「頤卦」（第二十七卦））

濡如是「潤濕使柔美的樣子」。

美化和修飾要能顯現出濕潤柔美的樣子，而且要長久不變，不要半途而廢，永守貞正才是吉利。

有些人在人群面前無論如何都不會生氣，不管別人怎麼刺激他都能平心靜氣，非常有涵養地表現出一付和氣、有修養的好脾氣，但是一旦回到家中，或是回到自己的辦公室，有修養的臉立刻變色，打罵妻子、訓斥屬下，原先慈善的柔美會變了個樣子，這種不能長保一致的僞善，很容易就會被揭穿的。

六四，賁如皤如，白馬翰如，匪寇婚媾。（爻變爲「離卦」（第三十卦））

皤是指「頭髮皤白」；翰是指「紅羽的天雞」，翰是形容像「飛鳥般的飛翔」；匪是「不」的意思；寇是指「盜寇」；婚媾是「結婚」、「婚配」之意。

人到中年以後，頭髮漸漸變成白髮，對於自己白髮也要修飾，整理得乾淨、柔美，此時的精神、意志和行動也如同白馬，也像飛鳥一般地翺翔天空，顯示生活力和自由奔放，這種美、純是自然健康的不能用強迫式的修飾，就好像強迫嫁給盜寇一樣。

不同的年齡、身分地位，其裝扮和修飾也會不同，最重要的是能配合當時的環境，要能保持自然和諧愉悅的生命力。

六五，賁於丘園，束帛戔戔，吝，終吉。（爻變爲「家人卦」（第三十七卦））

丘是指「小丘」，丘園指山坡地「花園」；束帛是「綁上絲綢彩帶」；戔戔是「稀少的樣子」。

林園是天然的環境，裡面的花草樹木，甚至土石小溪，皆以自然無華取勝，偶然裝飾少許的彩飾，增添一些喜氣就夠了，不必過於華麗。

或許有人認爲這樣子看起來似乎裝扮得不夠華麗，似乎有些寒酸，但是這樣子就夠了，因爲一方面並不需要過份的人工美化，另一方面也不必鋪張浪費，能夠欣賞自然的美才是眞得懂得美。

上九，白賁，無咎。（爻變爲「明夷卦」（第三十六卦））

修飾、美化到了極點，就不必借助外物，僅憑本身的修養就能顯出高貴的氣質，這種純靜的「賁」，儉樸純潔絕不會有什麼瑕疵的。

自然、莊嚴就是一種美，由內心表露出令人仰慕的吸引力，就像是修養有道的大師，雖然祇是樸素的禪衣，淨面無妝，也是令人敬仰不已，絕不會有人因爲大師的素妝簡服而產生輕蔑之意。

二十三、剝卦

【卦名解說】坤下、艮上（☶☷）。

剝是「剝落」、「革去」之意。

上卦爲艮、爲山，下卦爲坤、爲地。高山立於平地，以大自然的變化，高山不會再往上增高，而祇有傾倒頹敗的情形，就像是盛極飽和之後必定漸漸衰退，這種情形就是「剝」。

【管理意義】頹廢衰敗。

【卦辭】剝，不利有攸往。

在進入衰退期的時候，最好不要有所作爲，此時的行動可能有所不利。

【綜卦】「復卦」（第二十四卦）。

【錯卦】「夬卦」（第四十三卦）。

初六，剝床以足，蔑貞凶。（爻變爲「頤卦」（第二十七卦））

床是供人睡覺、生活必備的「器具」；足是指「腳」，人體的「最下層部份」，「單位的最根基」；蔑是「輕視」的意思。

衰敗的現象從一個單位裡最重要的基層開始發生，根基已經開始鬆懈、不穩了，但是在上位者仍然不覺嚴重，而仍不在意調整改善，這會帶來相當的凶險性。

六二，剝床以辨，蔑貞凶。（爻變爲「蒙卦」（第四卦））

辨是指「分辨」、「判別」之意。

衰敗的現象雖然是從單位裡的很重要的部門所發生，但是如果在上位者可以分辨出並非發生在最基層的根基，因而就不太在意，也不思考設法堅固基礎，這樣就會產生更多的衰敗和錯誤。

即使大火已經燒到了屋內，祇要不會燒到身上，竟然也不緊張。

六三，剝之，無咎。（爻變爲「艮卦」（第五十二卦））

衰敗的現象一直延續，此時就應坦然面對這種情景，勇敢地承認已經走下坡的事實，能夠認眞地思考自立自強的辦法，過去的衰敗就不會再繼續下去。

隨時知所警惕，認眞面對困難，仍不算太晚。

六四，剝床以膚，凶。（爻變爲「晉卦」（第三十五卦））

膚是指「人體的皮膚」。

衰敗之現象繼續擴大，已經延伸到睡在床上主人的皮膚，亦即敗壞情形已由重要單位滲透破壞到了決策者的周邊，這種現象對於整體而言將是非常凶險的。

危機不僅仍未解除，而且變本加厲，已經危害到了事物的本體生命。

六五，貫魚，以宮人寵，無不利。（爻變爲「觀卦」（第二十卦））

貫是「貫穿」之意。

當衰敗的情景已至末期，應該小心謹愼地把引起敗壞的事端或人物很有條理地串連起來，就如同對待王妃、公主般的小心伺候對待，解決所有的問題，如此就不會使問題擴大，增加新的困擾了。

對於造成困擾的原因和解決對策，把它當成一個極重要的主題深入探討，探討的過程要謹愼而又嚴密，絲毫不可大意。

上九，碩果不食，君子得輿，小人剝廬。（爻變爲「坤卦」（第二卦））

碩果是指「肥大的果實」；輿是「輿論」；廬是指「房屋」。

當整個事業已經完全衰敗了，整個偌大的事業已經不再有人爭權、搶奪利益，此時蓋棺論定，君子的才德在這種沒落的環境下反而能獲得大眾輿論的肯定，而小人則爲眾人所唾棄，就好像把卑鄙小人的房屋拆散一樣，不允許他有容身之處。

二十四、復卦

【卦名解說】震下、坤上（☷☳）。

復是「回復」、「復甦」之意。

上卦爲坤、爲地、爲陰，下卦爲震、爲雷、爲陽，春雷在地底綻放，象徵一年復始萬象更新氣象，因此本卦爲「復」。

【管理意義】積極重振。

【卦辭】復，亨。出入無疾，朋來無咎，反復其道，七日來復，利有攸往。

復是「復甦」之意；出入是指「支出」與「收入」；朋是指「來往客戶」或「關係人」。

當企業之經營經過了一段沉潛的谷底之後，開始了復甦期，此時不但本身企業苦盡甘來，甚至連同周邊相關企業都有了振作表現的機會。因此，無論購入原料、出售產品，或是與客戶交往、商場談判，都會順利而無風險。一卦有六爻，反覆六爻的變化，進到第七爻，又從本卦開始，又開始恢復復甦氣象，欣欣向榮之氣，相互會影響，交往也會互相有利。

【綜卦】「剝卦」（第二十三卦）。

【錯卦】「姤卦」（第四十四卦）。

初九，不遠復，無祇悔，元吉。（爻變爲「坤卦」（第二卦））

復是「回復」；祇悔是「大悔」之意。

事業重新復甦，其經營之內容並未遠離復甦之前的基礎，如此才能有經驗，才能夠熟悉經營，而不致有太大錯落的懊悔，這樣子的安排是非常有利的。

復甦的意思就是藉助原有的基礎、經驗，把人脈、資金重新分配再出發，過去所犯的過錯得以檢討不致再犯，未來的方向也會有更明確的指引。如果前一期經過了失敗的低迷，之後又重新了另一種不熟悉的行業，又要重新累積經驗，免不了又要多碰幾次挫折而後悔不已。

六二，休復，吉。（爻變爲「臨卦」（第十九卦））

休息過後，經過生聚教訓，再重新出發，這是非常好的規劃。

唯有受過挫折、經過失敗之後，才會體驗出眞正的道理，才會有刻骨銘心的警覺記憶，再開始出發，必定會有一番與前不同、積極振作的氣象。

六三，頻復，厲無咎。（爻變爲「明夷卦」（第三十六卦））

頻是「經常」、「頻繁」；厲是「危厲」。

事業每次經過失敗之後，都能振作再站起來，履仆履起，毅力堅強。然而，失敗次數太多，顯然是由於還有一些未見改善的不良因素，這是一種危機的訊號，但是若能積極處理，每次都能認眞參與事業的重建，仍然不至於有太大的過錯。

跌倒了又站起來，不僅需要毅力，也要有足夠的勇氣和信心，如果不是盲從，必然會從多次的經驗學到更多的教訓。

六四，中行獨復。（爻變爲「震卦」（第五十一卦））

中是指「不偏不倚」；行是「行動」、「運作」；獨是「獨立」、「不靠外力」。

當事業重振至後期，注意行事經營的風格要保持平穩，不可偏激用事，而且要獨立擔當，不推諉，不倚賴別人。

做人處世也不要受到外界物慾的利誘，靠自己的本事，賺取正當的報酬。

六五，敦復，無悔。（爻變爲「屯卦」（第三卦））

敦是「敦厚」、「敦促」之意。

在重振復興事業的一路過程中，要能時時敦促同仁，努力奮發向上，也要以敦厚仁慈的態度，無怨無悔的奉獻。

積極的熱心往往祇有三分鐘熱度，如果不能時時地督促、激勵，復甦的速度可能因此緩慢，甚至停頓。能保持長久不變的恆心，才能保證成功。

上六，迷復，凶。有災眚。用行師，終有大敗，以其國君凶，至於十年，不克征。（爻變爲「頤卦」（第二十七卦））

迷是「迷失」之意；眚是「災禍」。

雖然企圖振興事業，但是由於迷失了努力的方向，因而工作努力沒有代價，這樣會發生災亂。此時若是指揮大軍作戰，必定會遭受失敗，甚至還會嚴重地禍及國君，這是非常凶險的現象。此次失敗，幾乎從根拔起，因此在非常漫長的一段時間裡，都不可能再振疲起衰，也不再可能有能力起兵征伐了。

二十五、無妄卦

【卦名解說】震下、乾上（☰☳）。

妄是「無知」、「荒誕不經」之意；無妄表示「沒有虛僞」，一切皆爲「至誠」。

上卦爲乾、爲天，下卦爲震、爲雷、爲動，雷震動天，表示「至誠」感動上天。故本卦爲「無妄」。

【管理意義】眞誠無僞。

【卦辭】無妄，元亨利貞。其匪正有眚，不利有攸往。

匪正是「不正」的意思；眚是「災禍」。

不虛僞就是「無妄」、「眞誠」，以誠待人必能感化四方，能夠貞固不變、眞誠長守，則一切都必以眞誠回報，因而事事也必定順利亨通。如果行事不以正道，心意不誠，則不利於所從事的事業。

眞誠地待人，別人也必感動，回報以眞誠，如果內心虛僞不誠，行事必有矛盾，很容易地就被別人看穿而鄙棄，以後做人、做事都不會有人願意配合，因而難以成功。

【綜卦】「大畜卦」（第二十六卦）。

【錯卦】「升卦」（第四十六卦）。

初九，無妄，往吉。（爻變爲「否卦」（第十二卦））

不虛僞、不矯枉，做事做人眞誠以對，必定內心安適，內外配合不矛盾，行事自然而然順利吉祥。

如果內心與外表不一致，爲了要自圓其說，終其一生都要忙著如何彌補前次行事的漏洞，在這種自我掣肘的情形下，當然做什麼事都不會順利。

六二，不耕穫，不菑畬，則利有攸往。（爻變爲「履卦」（第十卦））

菑是指「刈草」，或指「第一年耕種的田」；畬是指「已經開墾的田」。勤墾耕耘，不祇是爲了收穫，割草鋤地，也不祇是爲了把田地變成畬田，如此祇問耕耘不問收穫，踏實的努力，必定會有意想不到的所得。

不問收穫，其實是說不祇求眼前的近利，而是要把眼光放得長遠一些，將來的收穫必會更大、更多。

六三，無妄之災。或繫之牛，行人之得，邑人之災。（爻變爲「同人卦」（第十三卦））

人之行事，即便是「眞誠」、「無妄」，也可能會受到一些無法預料的災害。譬如，有路過的行人把拴在路旁的牛牽走了，爲了要清查嫌疑，免不了有些無辜的村邑鄰人會受到盤問的騷擾之害。

人生充滿了許多的無奈，即使終日殷勤、認眞從事，也免不了會有一些意想不到的事情發生，受到波及。但是也不必因此而洩氣，無妄之災的機率畢竟要比全然不介意所受到災害的機率小得多。

九四，可貞，無咎。（爻變爲「益卦」（第四十二卦））

可是指「能夠」、「可以」的意思。

眞誠無妄能夠堅貞長久，就可以免去災禍和過錯。

如果祇是有限度的眞誠，難免會令人懷疑其誠意的眞假。眞誠要以時間來驗證其眞僞。

九五，無妄之疾，勿藥有喜。（爻變爲「噬嗑卦」（第二十一卦））

疾是「疾病」；勿藥是說「不必用藥」。

眞誠之極也會產生一些後遺症和缺點，但是這種小毛病不必用藥石也能夠自然而癒，終必會病痛消除，而有喜色。

純潔至誠的人一定完全相信別人的眞誠，在複雜的社會裡難免會遭受到欺騙，「至誠」受到打擊而受挫，此時可能免不了會有短暫的失望、難過，但是毋庸疑慮，這些至誠的本性很快又會恢復的。

上九，無妄，行有眚，無攸利。（爻變爲「隨卦」（第十七卦））

行是指「行爲」、「品行」。

雖然爲人眞誠無妄，但是行爲上曾經發生過失誤，就難免會影響他日後的交往行動。

一失足成千古恨，爲人處事不僅要「意正」，也要「行端」，否則，即使是無心之過，也免不了遺憾終身。

二十六、大畜卦

【卦名解說】乾下、艮上（䷙）。

畜與「蓄」通，大畜是「大積蓄」。

上卦爲艮、爲山、爲止，下卦爲乾、爲天，天欲上升，但是爲山所阻而停流不前，這是「積聚」、「積蓄」之象，故本卦曰「大畜」。

【管理意義】舉才聚福。

【卦辭】大畜，利貞。不家食吉，利涉大川。

家食是指「不肯進仕爲國家效命，而祇願隱處於家自食其力」。

在生聚教訓之時，要擴大招納有用的人才，接納中肯、有建設性的建言，但是這種宏觀的觀念和行動要能長久保持堅貞不變才會有利。有爲、有能的賢士要勇敢的走出家園，積極的獻身報效國家，才是社會之福。如果有才、有德的君子皆能挺身而出，不論面臨多麼大的危險，也必能安穩的度過。

【綜卦】「大壯卦」（第三十四卦）。

【錯卦】「萃卦」（第四十五卦）。

初九，有厲，利已。（爻變爲「蠱卦」（第十八卦））

厲是指「危厲」、「禍害」；已是指「停止」。

當生聚教訓之始，貿然前進發展恐有危厲，如果停止不進待機而動，則比較適宜有利。力量尚未充沛，實力尚未成熟時，一動不如一靜。

九二，輿說輻。（爻變爲「賁卦」（第二十二卦））

輿爲「車廂」之意；說通「悅」字；輻是「車輪中的直木」。

當積蓄培養人才之時，團隊因爲能夠統一其志，眾志成城，相互間的互相扶持，如同車與輪之間的相互配合，而互相需求依存。

創業之初先要培養人才，此時必須要齊心協力才能集中力量，如果此時就有意見之爭，因意氣而用事，那麼在團隊力量尚未凝聚之前，很容易就會就此潰散而無法成軍了。

九三，良馬逐，利艱貞。日閑輿衛，利有攸往。（爻變爲「損卦」（第四十一卦））

閑是「嫻習」；輿衛是「駕馬戰鬥防衛」。

生聚教訓、培養實力時，不要忘記戰場上征戰的技能，駕駛良馬競逐疆場，能克服艱難、堅毅卓決者，才會有利於事業的成功。每日不忘練習嫻熟戰車戰技，如此，對於日後開拓事業、征戰沙場都是有力的幫助。

才能的培養除了計畫與作業外，也要訓練實際操作的經驗，技能愈充沛愈熟練的，愈會有克敵致勝的機會。

六四，童牛之牿，元吉。（爻變爲「大有卦」（第十四卦））

童牛是指「未長壯的牛」；牿是「綁在牛角上的橫木」，防止牛用角觸人之用。

積聚人才、培養力量的期間，由於一切尚未成熟，爲免招災惹禍，要先訂立各種管制的辦法，不准與他人發生爭鬥，如此才能防患於未然，目前幼弱的實力才不致因而戕害，這是非常重要的安全處理辦法。

「初生之犢不畏虎」，愈是年幼，愈愛招惹強暴，因而，對於青少年的管教約束比較多，也是這個原因。

六五，豶豕之牙，吉。（爻變爲「小畜卦」（第九卦））

豶是「割去生殖器的豬」；豕即是「豬」之意。

當力量積聚到相當的程度時，充滿了活力，表現出的是難以駕御的野性，爲了把獸慾的根本割除，把獸咬人的利牙去掉，如此就不能再逞野蠻，這樣做是爲了大家和其本身的安詳和平，這是非常合理有效的做法。

想要激起一股憤怒的力量並不難，難的是如何約束這股力量，不得隨意爲所欲爲，不要傷害善良的無辜，這需要事先嚴密而有效的規範約制。

上九，何天之衢，亨。（爻變爲「泰卦」（第十一卦））

何同「荷」，「負荷」、「承擔」之意；衢是指「四通八達的大道」。

積聚人才、力量之最高境界，就是爲了承擔起天下間四通八達溝通之責，使上下四方的意見皆能通達順暢，如此，則做任何事情必然會順利無礙而亨通。

二十七、頤卦

【卦名解說】震下、艮上（☶☳）。

頤是「頤養」、「就養」之意。

上卦爲艮、爲止，下卦爲震、爲動，上止下動爲嘴巴咀嚼食物面頰鼓動的樣子。因此，本卦曰「頤」。

【管理意義】滋養生存。

【卦辭】頤，貞吉。觀頤，自求口實。

口實，是指「食物」；觀，是指「觀察」、「觀看」。

就養生存包括「自己頤養」以及「頤養別人」，無論何種養，都要保持正道方法才是吉祥。此時觀其頤養的方法，應該要以自力更生，作爲自求口實的方法，才是正道。

【綜卦】「頤卦」（第二十七卦）。

【錯卦】「大過卦」（第二十八卦）。

初九，舍爾靈龜，觀我朵頤。凶。（爻變爲「剝卦」（第二十三卦））

舍是「捨去」之意；爾是指「你們」；龜是指卜卦用的「龜甲」；靈龜是一種「靈氣」的象徵；朵頤是吃東西「兩頰輕動的樣子」。

捨棄了精神、靈氣的追求，而垂涎於物質的享受，這是危險的象徵。

大陸與台灣兩岸的關係，如果捨棄了民族情感交流的認同，而衹注重經濟貿易上的需求，這種交往的前景，也必然不會有好結果的。

六二，顛頤，拂經，於丘頤，征凶。（爻變為「損卦」（第四十一卦））

顛是指「顛簸」、「顛倒」；拂是「違反」之意；經是「經常」、「正規」之意；丘是指「荒丘」、「廢墟」；征是「征斂」、「征伐」之意。

當社會的經濟蕭條，人民生活困苦，就像是一座廢墟似的，這種的頤養不能使人民生活安樂，是違反常理、顛倒正常頤養的情形，此時不論徵收賦稅，或是征兵作戰，都是非常危險，將會引起動亂的。

以台灣民間的經濟狀況，有能力也有資格與中國大陸的民間經濟交往，這是正常的情形。如果有一天海峽兩岸的互相需求已經不再如此地水乳交融，或者台灣的經濟已經不足以提供大陸地區經濟上的互補，到那時，即使政府下令強迫三通，也不能平和而自然地達到原先雙方互利的情景，甚至還可能演變成其他的災害。

六三，拂頤，貞凶，十年勿用，無攸利。（爻變為「賁卦」（第二十二卦））

拂是「違逆」之意。

如果違反了就養生存的正常道理，即使不以巧取豪奪，行為雖正也會帶來不好的結果。違背就養之道，終生都無法安逸地得用其養，無論怎麼做都不會有好的下場。

就養生存應該靠自己的努力，如果不事生產，祇用炒作股票方式，即使賺得了再多的錢，也終究是空虛一場。

六四，顛頤，吉。虎視眈眈，其欲逐逐，無咎。（爻變爲「噬嗑卦」（第二十一卦））

顚是「顚倒」之意；眈眈形容「垂目瞪視的樣子」；逐逐是「不停地追逐」之意。

政府設置官吏，原是爲了養民、保國，然而官吏本身並不從事生產，其本身的就養反而要靠下階的平民百姓，這是顚倒頤養的做法，但是政府處理公務更需要一批官吏，這一切都是爲了公事，爲了更有用的行政大計，因此這是該做的好事。在上位者代表國家，緊盯著人民催收稅賦，這都是爲了充作國家建設經費，這樣做不算是錯誤的。

學校的目的是在教育學生，教導學生成爲社會上有用的人才，但是爲了學校的行政運作，購置教學設備、聘請教師，需要各種經費，這些費用要靠學生的學費支持。這種情形也是顚頤，但是爲的是正途，就必須如此做。

六五，拂經，居貞吉。不可涉大川。（爻變爲「益卦」（第四十二卦））

六五爲至尊之位，一國的君王其本身也不從事生產，無力養民，因而違逆了國君教養子民之「頤養」的經常道理，但是君王若能任用賢臣，安定國家、社會，爲人民帶來更大的福祉，這樣做是吉祥順利的。君王接受萬民供養，他衹要做好統治領導的任務就可以了，他並沒有能力和責任承擔「頤養」和「濟助」他人，因而君王不可以草率冒險，做一些本身沒能力做到的事。

國際間爲了國際道義，常有濟助他國的舉動，如果這種行爲能有助於世界和平，有助於國家的國際地位提升，而又不致消耗本國人民太多的經濟財力，偶一爲之尚可，否則就會有涉大川之危機存在。

上九，由頤，厲吉。利涉大川。（爻變爲「復卦」（第二十四卦））

由是指「經由」之意；厲是「危厲」。

一國之君都要倚仗此人才得以頤養全國之人民，足見此人之責任重大，身繫社稷榮枯之責，他應該要經常心懷危機意識，不可大意，不能自滿，如此才會有吉。既然受令，也有能力負責濟養全國子民，就要勇往直前，義無反顧地承擔起重責大任。

二十八、大過卦

【卦名解說】巽下、兌上（䷛）。

大過是「大大的超越」之意。

上卦爲兌、爲水，下卦爲巽、爲木，水在木上淹沒了木，水就太多了，這是大大超過的樣子，故本卦曰「大過」。

【管理意義】濟危扶傾。

【卦辭】大過，棟橈。利有攸往，亨。

大過是「大大超越」；棟是「棟樑」；橈是指「彎曲的木頭」。

由於屋頂太重，超過能夠負荷的重量，而使得棟樑彎曲。此時有才能的人出面加以整修扶持，以免大廈傾倒，此爲有利於全家的好事。

【綜卦】「大過卦」（第二十八卦）。

【錯卦】「頤卦」（第二十七卦）。

初六，藉用白茅，無咎。（爻變爲「夬卦」（第四十三卦））

藉是指「草墊」；白茅是草名，可用以蓋屋、做繩。以白茅草做成之草墊爲墊，平實簡樸，大家都不再講究繁文縟節，一切樸實無華、不求奢侈，如此做就不會被人誤會放不下身段，不能與衆共甘苦了。到災區救助災民，就要能放下身段，和大家席地而坐，席地而臥，不能講究各種舒適方便的傢具了。

九二，枯楊生稊，老夫得其女妻，無不利。（爻變爲「咸卦」（第三十一卦））

稊是指「草木初生的芽」；枯楊生稊比喻「老夫生子」。枯萎的楊樹長出新芽，老年男子娶得了年輕女子爲妻，如此能夠化腐朽爲神奇，自然是無往而不利的。

濟危扶傾要使出非常的手段，才能見識到非常的效果，能做到別人無法做到的事才是神奇。

九三，棟橈，凶。（爻變爲「困卦」（第四十七卦））

九三爲陽，處陽位，陽氣太剛，容易使得正樑彎曲，這是凶險之象。擔承中興大業之人，必然需要一位剛毅果決、意志堅強的勇者，但是剛直過度容易得罪人而受到攻擊造成危險。

九四，棟隆，吉。有它吝。（爻變爲「井卦」（第四十八卦））

隆是形容「興盛」；它吝是指「其他方面的損失」。

擔承扶傾大業者，職高權重，如此比較容易發揮影響力完成大任。但是也由於如此，會遭受到不白的嫉恨，而有所受辱而受損失。

官大權重，做事方便，但是也因此而責任加重，需要額外付出的努力也必然加重，也就是「有得也有失」。

九五，枯楊生華，老婦得士夫，無咎無譽。（爻變爲「恆卦」（第三十二卦））

華是指「花」；士是指「未婚男子」。

枯萎的楊樹長出花朵，如同老年婦人配得年輕男子爲夫，雖然沒有過錯，但是終是不能生育，因而遺憾，也沒有什麼值得稱讚的。

對於夕陽工業而言，即使國家施以經濟援助全力支持，可以不致倒閉，這種濟助的效果並不能帶給國家經濟力的提升，對於社會穩定的作用也不很大，這就是枯楊生華。

上六，過涉滅頂，凶，無咎。（爻變爲「姤卦」（第四十四卦））

過是指「過份」；涉是「涉水」；滅頂是指「水淹過頭頂而致死」。

爲了加速拯救危機，不顧危險，強行涉水而遭滅頂淹死，其凶險可知，但是這一切都是爲了救亡圖存，其壯志感人，因此這事的本身應該不會有人誤會或怪罪的。

二十九、坎卦

【卦名解說】坎下、坎上（☵☵）。

坎是指「低下的地方」。

坎爲水、爲險，上卦、下卦皆爲坎，表示坎坷連連，危險不斷，因此本卦爲「坎」。

【管理意義】坎坷逆境。

【卦辭】習坎，有孚，維心亨，行有尚。

習是指「習慣」、「慣常」之意；維心是指「維繫心意」；行是指「行動」、「品行」；尚是指「高尚」。

生命中經常處在坎坷逆境中的人，即使又再受苦，早已習慣了，但是做人仍然要講求誠信，以眞誠維繫此心，心意能夠堅定，不畏艱險、勇往直前，就必定能夠亨通順利，其行爲做法也要保持高尚的言行，要求行端立正，不屈不撓，才可以突破重險，進入平坦佳境。

【綜卦】「坎卦」（第二十九卦）。

【錯卦】「離卦」（第三十卦）。

初六，習坎，入於坎窞，凶。（爻變爲「節卦」（第六十卦））

窞，即「深的坑穴」之意。

長久期間都處在不斷的風險情況下，做事不順，志向難伸，做事又陷入了深坑，遇到了大災難，此時的壯志、體力都已消磨殆盡，脫困顯然無望，行事非常危急凶險。

身處逆境的人最容易碰到雪上加霜的困難，此時要格外地謹慎小心，更要有超強的意志力來應付未來難以克服的困境。

九二，坎有險，求小得。（爻變爲「比卦」（第八卦））

如能度過初期的危難，以後仍然還免不了災禍連連，但是此時九二以陽居中，亦即在初期的危難中已經培養了剛毅的特質，以後雖然也會身處危險之中，暫時不能脫困，但是祗要小心一點，足以自保總是可以做到的。

不求有功，但求無過。

六三，來之坎坎，險且枕，入於坎窞，勿用。（爻變爲「井卦」（第四十八卦））

境遇愈趨不順，來來往往都是無盡的坎坷，不僅是出外行事會有危險，甚至在枕臥之處也難免會有災害，此時正像是落陷在深坑之中，應該小心謹慎，處處收斂，不宜貿然行動。

小心謹慎，亦步亦趨。

六四，樽酒，簋貳，用缶，納約自牖，終無咎。（爻變爲「困卦」（第四十七卦））

樽是裝酒或裝水的「容器」；簋是「盛裝食物的容器」；缶是「瓦器」用來裝水；納是「接納」；牖是指「窗戶」。

以一樽之酒，二簋之食物，以瓦罐裝水，此爲儉約至敬之禮，自窗戶接納協約之薦，如此樸實之誠，雖然禮物並不十分貴重，但是禮節盛大莊重，足以彌補任何不敬之錯。

身處艱難，不必過份鋪張，祇要心誠意正，雖然禮物並不豐厚，也不會有人怪罪失禮。

九五，坎不盈，祇既平，無咎。（爻變爲「師卦」（第七卦））

盈是「水滿而溢」的樣子；祇是「祇要」的意思。

行路到了末期，沿路仍是坑洞不斷，水流雖未斷絕，但也未滿，此時祇要內心保持平心靜氣，不爭不餒，仍然可以無災無難地通過未來的道路。

即使潦倒了一輩子，也不必氣餒，不要怨天尤人，繼續踏著穩健的步伐前進，終有一天會走出這一條滿是泥濘沼澤的坎坷之路。

上六，繫用徽纆，寘予叢棘，三歲不得，凶。（爻變爲「渙卦」（第五十九卦））

繫是「綁」、「栓」之意；徽、纆都是「繩索」之意；寘是「置放」之意。

以繩索綑綁，囚放於叢林、牢獄，三年不得解脫，可見其凶險非常。

人即使在不得志的時候也不要自暴自棄，把自己長年幽困在黑暗絕望之中，心智既滅、再想振作就很難了。

三十、離卦

【卦名解說】離下、離上（䷝）。

離是「明亮」、「美麗」、「附著」、「附麗」之意。

上卦、下卦皆爲離、爲火，火必須附著於物體才能明亮，因此本卦稱之爲「離」。

【管理意義】安身立命。

【卦辭】離，利貞，亨。畜牝牛，吉。

依附於一個強大的後台，才能凸顯出明麗，但是要堅守正道才會有利，做事才會亨通。就像畜養母牛一般，要養成安順的修養和德性。

如果覺得對於所依靠的集團無法容忍他們的行事和精神，就要考慮隱忍或是順從，若實在再也無法苟同配合，就應該決定離開，不必要一面留在該處，終日不愉快而生氣，另一方面又不能配合順從集團的意思，這種情形下，永遠不可能有愉快的明天。

【綜卦】「離卦」（第三十卦）。

【錯卦】「坎卦」（第二十九卦）。

初九，履錯然，敬之，無咎。（爻變為「旅卦」（第五十六卦））

履是「履行」、「實行」之意；錯然是「雜亂」的樣子；敬是「恭敬」、「謹慎」。

初到一個新單位工作，許多業務都還不熟悉，顯得有些雜亂無緒，但是祇要認眞小心一點，一切都會順利解決而無差錯。

小心謹愼，即使有錯，也不至於太離譜。

六二，黃麗，元吉。（爻變為「大有卦」（第十四卦））

黃是指「黃帝」，黃帝司掌中央，因此，黃又是指「中央」之意。

附麗於中央的單位，是最好、最吉利的。

新到一個工作單位，難免遇上派系鬥爭，此時最好能選擇「中正」的立場，不要輕易地捲入是非漩渦。

九三，日昃之離，不鼓缶而歌，則大耋之嗟，凶。（爻變爲「噬嗑卦」（第二十一卦））

昃是「傾斜」；日昃是「太陽偏西」；耋是「老年」之意；嗟是「嘆息」。

太陽偏西，意指人到老年還在從事某種行業，此時不能樂天知命，擊缶而歌，而終日以老邁將至不停地哀嘆，如此是消極頹廢、自取苦惱之象。不僅他自己的心情、健康不佳，也會影響到其他人的情緒。

生、老、病、死是人生必經的過程，人人無可避免，既然是無法躲避的事實，何不愉快地接受，徒自悲傷怨嘆，衹有自己增加煩惱，於事無補。

九四，突如其來如，焚如，死如，棄如。（爻變爲「賁卦」（第二十二卦））

如是「如同」、「像」之意；焚爲「火燒」；棄是「拋棄」。

突然地來此投靠，其形容像是「走投無路」，被夾擊在前後烈火之間，被火焚燒得淒慘，像是必死的樣子，又像是被人拋棄的樣子。

喪家之犬的樣子非常狼狽，當投身某單位服務的時候，一定要注意本身的儀表和精神，免得被他人所瞧不起。

六五，出涕沱若，戚嗟若，吉。（爻變爲「同人卦」（第十三卦））

涕指「眼淚」；沱是「滂沱」、「大雨的樣子」；戚是「憂戚」；嗟是「嗟嘆」；若爲「好像」的樣子。

投身某單位服務，要表現出感激不盡的樣子，內心長存憂戚謹慎，不敢以本身托大而稍有放肆，如此就能不招人怨，不致引起妒恨，而能順利平安的度過。

內心常懷謙虛懷德之意，永遠不忘當初提攜之恩，不可稍有地位就顯出傲慢之色。這種不忘本的精神，是大家所通認的美德。

上九，王用出征，有嘉折首，獲匪其丑，無咎。（爻變爲「豐卦」（第五十五卦））

用是「任用」；折是「斬斷」之意；丑是「相類比」之意。

當投靠依附之後，君王任命率軍出征，能夠斬獲匪首，擒獲群匪，這是安邦定國必須的手段，這麼做，不論於公於私都是理所當然該做的，不會因而引起任何不愉快的反應。

爲了公事，能爲國、爲社會造福的事，大膽、放手地去做。

三十一、咸卦

【卦名解說】艮下、兌上（☱☶）。

咸是「皆」、「都」、「相互感應」之意。

上卦爲兌、爲喜悅、爲少女，下卦爲艮、爲止、爲少男。男女相互感應，雙方面皆都產生了喜悅、愛慕，喜悅至極、感情至深，就是「咸」之形象。

【管理意義】誼情交感。

【卦辭】咸，亨，利貞，取女吉。

取爲「娶」之意。

男女相互感應，喜悅愛慕，若是出於正當途徑，內心誠意，則水到渠成，雙方感情自然地成長，若是心存不正，玩弄感情，則有害雙方。感情既然已經深厚，可以娶妻，結爲夫婦，此後相互照應，共同扶持，爲繁榮的社會善盡一己之責。

【綜卦】「恆卦」（第三十二卦）。

【錯卦】「損卦」（第四十一卦）。

初六，咸其拇。（爻變爲「革卦」（第四十九卦））

拇是指「拇指」。

兩人相互感應之初，僅感應到拇指而已，其感應程度甚微，距離兩心相悅的地步尚遠。

男女初次交往，即使有感情交應，也衹是初期的愛慕，深厚不移的感情尚需更進一步的交往而建立。

六二，咸其腓，凶。居吉。（爻變爲「大過卦」（第二十八卦））

腓是指「小腿肚子」。

兩人感情交感再深一層，由腳拇指上升到小腿肚，此處肌肉壯實，其所顯示出的感應不是溫柔婉約，而是雄壯有力，很難令人接受，故而爲凶。此時最好再保守一點才比較好。

剛認識不很久的男女朋友，即使對他已經有了更深的感情，也不要盲目地表現出強烈的愛意，必須要順情順勢地、慢慢地培養感情，才是珍貴，才可長保兩情相悅。

九三，咸其股，執其隨，往吝。（爻變爲「萃卦」（第四十五卦））

股是指「大腿」；執是「掌控」、「控制」；隨是「跟隨」。

兩人之情感交流，某一方的感情如大腿般的不能自動自發，而必須接受小腿肌肉的意向而動，受另一方的控制，這種感情不是出自內心本意，是不可取的可恥之事。

雙方感情如果不是出自內心誠意，則其交往可能是受到了挾迫，或是金錢上的買賣，這種交感當然是可恥的。

九四，貞吉，悔亡。憧憧往來，朋從爾思。（爻變爲「蹇卦」（第三十九卦））

憧憧是指「意志不堅」、「往來不定」的樣子。

相互交感，要以正心誠意才會吉利，才不至於由於不協調失去了對方的感情而心存懊惱後悔。如果內心意志不堅，與對方交往的態度不明確，如此也會影響到對方的朋友，大家都會由於思慮的變化，而跟著左右動盪不已。

雙方交往之變化非常敏感，祇要某方開始變心，對方即能立即感應，如果在不理智的情形下，還會採取較激烈的反制措施，這時候相互影響就會愈來愈大。

九五，咸其脢，無悔。（爻變爲「小過卦」（第六十二卦））

脢是指「人體背部的肉」。

背部的肉不會動，也不會感應，此種交流無所謂情感，因而也無所謂「後悔」。

「天若有情天亦老。」若是能夠公正無私，不摻入感情因素、好惡、對錯，但憑公論，就不會因爲感情受挫而懊惱了。

上六，咸其輔、頰、舌。（爻變爲「遯卦」第三十三卦）

頰是指「面頰」；舌是「舌頭」。

兩情感應達到極致之處，不僅要內心有誠意，也要輔佐以面部表情、言語之表達。內心雖誠，但這畢竟不容易表現出來，要想加速效果，也無妨配以言行態度，顯示出自己的誠意。

三十二、恆卦

【卦名解說】巽下、震上（☳☴）。

恆是「長久」、「恆心」、「恆久」之意。

上卦爲震、爲動，下卦爲巽、爲順。一動與一順之結合，才是互補之搭配，才可以長久不變，故此卦曰「恆」。

【管理意義】恆心毅力。

【卦辭】恆，亨，無咎，利貞。利有攸往。

做事要有恆心，就會心想事成，達成想要做的事。但是進行中也要堅守正道才會順利，對於往後的發展也會有益。

長久不變地做正道的事，就不會愧疚而自責。有恆心就有毅力，成功的機會就比一般的人多。

【綜卦】「咸卦」（第三十一卦）。

【錯卦】「益卦」（第四十二卦）。

初六，浚恆，貞凶，無攸利。（爻變爲「大壯卦」（第三十四卦））

浚爲「濬通」、「挖通」之意。

剛剛接觸一件事情，尚未明白事件之前，就想要恆久地深入，如此盲目固執地探求，對於事物遂行會有凶險，不利於繼續往下執行。

初次見面的朋友，彼此個性尚未完全瞭解，就想要求深交，對方必然不放心，也不會有意願，這反而會敗壞以後的交往。

九二，悔亡。（爻變爲「小過卦」（第六十二卦））

下定恆心之後，可能又發現事態有變，和原來想像的並不一樣，本來是應該有悔的，但是由於正心誠意，不再計較一些身外瑣務，因而使得原來有悔也會改變爲無悔。

決定了要做某件事，如果事後發現和本身的利益有所衝突，或許令人懊惱不已，但是做此事的遠大意義更甚於本身的利益，如此想來就不會再計較而後悔了。

九三，不恆其德，或承之羞，貞吝。（爻變爲「解卦」（第四十卦））

承是「承受」；羞爲「羞恥」之意；吝是「悔恨」之意。

如果不能長久地保持正道德行，因此而遭受到羞辱，即使原來的本意非常貞純，也已無法挽回令譽，因此會令人悔恨無已。

「劫富濟貧」的本意即使很好，但是也犯下了搶劫之罪，免不了要受牢獄之災，事後無法免於悔恨之意。

九四，田無禽。（爻變為「升卦」（第四十六卦））

九四以剛居柔不得位。如果方法用得不對，即使再有恆心毅力，也無法有所收穫。

出外旅行先要弄清楚前進的方向，否則欲速則不達，方向不對，愈走反而會離目標愈遠。

九五，恆其德，貞。婦人吉，夫子凶。（爻變為「大過卦」（第二十八卦））

做人要能夠恆守正德，這才是純貞的品德。婦人以柔順為主，能夠從一而守，這是婦德的標準，非常合於人情、倫理，然而男子志在四方，若是也事事順從不變，就是胸無大志，對男子而言，這是表示此人事業前途不明，發展有礙，受阻於本身的不積極。

事務性工作要長久不變，以免無所適從，然而政策性的思考要有創意，要能經常有新的點子，不可拘泥不化，落入拾人牙慧的俗套。

上六，振恆，凶。（爻變為「鼎卦」（第五十卦））

振是「震動」、「動搖」。

做事持之以恆，但是保持恆久之後，內心開始了浮躁，行為意志有所動搖，可能會就此功敗垂成，對於後續的發展和前途相當不樂觀。

「行百里者半九十。」愈到後期愈要堅持到底，不要因爲遇到挫折而動搖了信心，否則無法成就大事業。

三十三、遯卦

【卦名解說】艮下、乾上（䷠）。

遯即「遁」、「隱」的意思。

上卦爲乾、爲天，下卦爲艮、爲山。山將天空遮蔽，天空之處即已不見，有「隱去」的意味，故此卦爲「遯」。

【管理意義】沉潛待機。

【卦辭】遯，亨，小利貞。

當時局不利、小人當道之時，應當採取隱退的方式，以免遭受迫害，能知「遯」才能知道掌握時機、利用時機。初、二兩爻爲陰，利於小人之道長，此時君子宜於固守貞道，不和小人正面衝突，就會減少傷害。

當邪惡、小人的勢力強大時，不要企圖力挽狂瀾扭轉乾坤，也不要試著和惡勢力對抗，爲了保全實力，應該儘量避免出頭表現，隱忍退讓，不爭名利，就不會多招惹是非和變成被爭鬥的目標。

【綜卦】「大壯卦」（第三十四卦）。

【錯卦】「臨卦」（第十九卦）。

初六，遯尾，厲。勿用有攸往。（爻變爲「同人卦」（第十三卦））

尾是指「末尾」。

當事端已經發生了很久，已經到了時機的末尾才決定隱遁，禍害已經蔓延很久了，這是充滿了危厲的狀況。但是，初六柔順，還不至於招惹過份的是非，此時宜於晦隱，不宜妄動，「靜」可免災，「動」將招禍。

逼到最後關頭才決定隱遁，顯然有難以抉擇的困難，形勢到了最後已經很危急了，一定要格外小心謹愼，遠離爭議之地。

六二，執之用黃牛之革，莫之勝說。（爻變爲「姤卦」（第四十四卦））

執是「持住」之意；黃牛之革是說用「黃牛皮製成之革」，堅韌難斷。

當隱遁之時，意志要堅定執著，就像是用黃牛皮革綑綁住一般，無法以言辭打動、改變其心意。

由絢爛的在位掌權生活乍一隱遁，可能還放不下昔日叱吒風雲的日子，此時一定要極度地堅定意志，無論什麼樣的言辭挑逗，也不要動搖初衷。

九三，繫遯，有疾厲。畜臣妾，吉。（爻變爲「否卦」（第十二卦））

繫是「綁」、「拴」之意；疾厲是指「疾病禍害」；畜臣妾是說「在家中豢養一些人」侍候自己，形容祇知生活安逸，沒有爭強的野心。

隱遁之後，內心如果仍然繫留在名利、權勢之間，必會產生非常嚴厲的痛苦，此時應該放棄一切權力爭鬥，每日祇需追求有人能好好地侍候著，過舒服的日子，這樣就不會招人猜忌，就不至於把鬥爭的目標轉到此處。

祇會追求物慾享受的人必然沒有大志，也不會造成別人競爭的障礙，就不會是別人爭鬥注意力集中的目標，就不會成爲眾人攻擊的箭靶。

九四，好遯。君子吉，小人否。（爻變爲「漸卦」（第五十三卦））

把全部所愛好的都能捨棄，徹底地去隱遁，祇有才德兼備的君子才能夠這麼理智果斷，毅然而然地隱遁，這種「遁」，乾淨俐落，無牽無掛，因此不會有後遺症，不會授人話柄，然而小人則無法割捨得如此清楚明白，不能很乾脆地「遁」，反而引來一些不愉快，並不能眞正地達到原先所期望「遁」的目的。

能夠毫無眷戀地把財富、權力拋棄，並不是人人都能做得到的，意志不堅的人拿不起又放不下，就會自尋煩惱。

九五，嘉遯，貞吉。（爻變爲「旅卦」（第五十六卦））

嘉是「美好的」之意。

隱遁能規劃得最佳，其時間、位置之安排都很恰當，這是難能可貴的，必須保持貞固之道，行必以正道，才會使人相信「遁」的誠意。

退休計畫能規劃得完善，人生就是愉快的，既然是退休，就不要還考慮退休前的事業，要能完全地放開，才是眞的隱退。

上九，肥遯，無不利。（爻變爲「咸卦」（第三十一卦））

肥是「肥沃」、「寬裕」之意。

隱遁之後仍然能有充裕的時間，有充分的自如自主，這種遁不會產生任何不自在的情形。

「悠哉、遊哉」，能夠全然不必爲了生活而奔波賣命，這種隱退倒也過得很愜意、舒服。

三十四、大壯卦

【卦名解說】乾下、震上（☳☰）。

上卦爲震、爲雷，下卦爲乾、爲天。雷在天上震響，其聲勢壯大無比，故本卦曰「大壯」。

【管理意義】勢強氣盛。

【卦辭】大壯，利貞

雖然非常強壯，做人做事也要以正道方法實行，要能堅守貞固的原則，才能確保心志與行爲一致，行事順利。

本身的健壯祇能得到局部性的強壯，若想整體也能強健，就必須發揮組織團隊的力量，團隊中的每個份子能夠緊緊地結合在一起的力量，就是每個人不偏無私做事的態度。

【綜卦】「遯卦」（第三十三卦）。

【錯卦】「觀卦」（第二十卦）。

初九，壯於趾，征凶，有孚。（爻變爲「恆卦」（第三十二卦））

趾是指「腳的大指」；服是「誠信」、「信服」。

強壯初始，其實還僅僅在基層階段，還在開始的狀態，此時的一切準備尚未充分，就妄想討伐或是對抗別人，這是很危險、容易犯錯的。但是這也是人之常情，確信很多人都容易犯這種不自量力的錯。

乍到一個新單位，雖然擔任著很重要的職位，但是在沒有認清環境的狀況、人事尚未能完全掌握之前，最好要謹愼從事，先不要急著大刀闊斧地改革，因爲很容易遇到挫折和阻礙。

九二，貞吉。（爻變爲「豐卦」（第五十五卦））

即使在壯盛的時期，或是事業、職務都很得意的時候，一切的行動也應該合於正道實施，才能長保眾人的信服，行事才會順利。

有些人在未發跡之前非常謙虛，一旦得勢之後，很快地換上另一付高傲的嘴臉，相信這種得意不能維持太久。

九三，小人用壯，君子用罔，貞厲。羝羊觸藩，羸其角。（爻變爲「歸妹卦」（第五十四卦））

罔通「網」，「網羅」之意；羝是指「公羊」；藩是指「藩籬」；羸是「瘦弱」之意。

小人憑著個人的壯盛，勇往直前，以蠻力制壓別人，而君子則用網羅人心的方法，達到共識，取得信服。如果無所顧忌，一味地相信以高壓可以強迫別人服從，這會產生人心抗拒的危險。這就像是強壯的公羊硬是要以暴力解決問題，用牠的角去撞頂圍籬，不論是否能把籬笆撞開，公羊的角必定會先受到了折損。

強施暴力祇能獲得短暫的壓抑效果，壓抑愈多，反彈的威力就愈大。要想施展自己的理想，先要設法獲得大家的認同，才是正統良策。

九四，貞吉，悔亡。藩決不羸，壯於大輿之輹。（爻變爲「泰卦」（第十一卦））

決是「決裂」、「衝破堤防」之意；輿是指「車廂」；輹是「車子下面和軸相勾連的木軸」。

自己本身雖然具有「大壯」的條件，但是爲了維護正道，而不採取暴力壓迫手段，這樣處理問題雖然不能收到立竿見影的效果，似乎是處事效果不佳，但是爲了維護君子之道，即使效率差一些也不會因而有悔。當各處的阻礙都已消除了，公羊再用牠的角去撞頂藩籬，這時候阻礙和抗阻就少得多了，公羊的角也就不會受損了。要想載重多，不僅要能使車廂體積大，還要看車輹的力量能承受多大的重力而定。

能夠號召群眾，獲得民心，不光是靠強迫性和外表的宣傳而已，眞心能夠使人信服的是他內在品德的感召力。

六五，喪羊於易，無悔。（爻變爲「夬卦」（第四十三卦））

易是指「交易」。

在「大壯」的期間，由於交易而損失了羊，就祇是失去了一些美好的物品而已，這時不必介意，也不用後悔。

因爲以現在的強勢，即使故意地「禮讓」給別人一些財富，對自己也不會有太大的傷害，反而還可以成就了謙讓的美德。

上六，羝羊觸藩，不能退，不能遂，無攸利，艱則吉。（爻變爲「大有卦」（第十四卦））

遂是「達成」之意。

在非常強勢的時候，行事莽撞，如同公羊用羊角頂撞藩籬，硬碰硬幹，毫無妥協溝通餘地，結果進退兩難，這種態度無論做什麼事都很難順利推行。

事已發生，唯有坦然面對一切，承擔艱辛，要能夠認眞地體察缺失，檢討過去，作爲日後復出的借鏡，虛心的體驗也算是對於再一次的出發有了先期的準備。

三十五、晉卦

【卦名解說】坤下、離上（☷☲）。

晉是「晉升」之意。

上卦爲離、爲日，下卦爲坤、爲地。太陽於地平面上出現，冉冉上升，而且愈來愈光明，這是「晉升」的現象，故本卦曰「晉」。

【管理意義】出人頭地。

【卦辭】晉，康侯，用錫馬蕃庶，晝日三接。

康侯是指「使天下安康的諸侯」；錫通「賜」、「賜與」之意；蕃庶是「茂盛眾多」的意思；晝日即指「一日」。

君王晉升護國保家的諸侯，賜給他們許多車馬和彩禮，由於寵信非常，甚至一日之內都會接見三次。

對於有功勳的人絕不吝惜獎賞，不僅有各種的賜與，也會加重信任和倚賴。

【綜卦】「明夷卦」（第三十六卦）。

【錯卦】「需卦」（第五卦）。

初六，晉如摧如，貞吉。罔孚，裕，無咎。（爻變爲「噬嗑卦」（第二十一卦））

摧是「摧折」、「滅絕」之意；罔是「無」的意思；孚是「誠信」，裕是指「內心寬廣」之意。

晉升之初，可以很得意地當作是升官發財了，但也要用另一種的角度去思考，如果由於晉升而開始驕傲自狂，就等於開始了自我的毀滅，此時自己的行爲和處事要確實守正，才會長保當初的貞潔。如果剛踏入社會，而尚未能培育出令人信任的魅力，此時不必氣憤氣餒，宜以寬大的胸懷包容之，不必過於計較，就能長保頭腦清澈，確保日後的基業，再加強努力。

不要太計較別人對你的看法，不論是褒或是貶，不論是羨慕或嫉妒，也絕對不因爲剛剛晉升了，就此自滿而驕傲自狂。

六二，晉如愁如，貞吉，受茲介福，於其王母。（爻變爲「未濟卦」（第六十四卦））

愁是「憂愁」；受茲是指「對此問題之承受」；介是指「處於兩者之間」、「介紹」之意；王母是象徵「君王的母后」，或是「太后」。

即使已經得到了晉升，仍是要兢兢業業地小心，以免失寵，此時的行爲應當固守正道，一切以理法從事，才不會授人把柄，藉機落井下石，誠信摯守的做人、做事的態度，如能謹愼地注意應對，將會受到君主內府的關注，受其福祐。

君主的內府，想要肯定的幫忙，倒不見得一定成功，而如果進一句饞言，必定影響很大。

六三，衆允，悔亡。（爻變爲「旅卦」（第五十六卦））

晉升時如能得到衆人的認可，大家必然都會全力配合措施，做事必然能夠順利而無阻礙。

以實力競選勝利的候選人，具有衆多的民意基礎，其意見必會受到很多人的支持，代表民意的歸心，就不會受到被抵制扯後腿的窘況。

九四，晉如鼫鼠，貞厲。（爻變爲「剝卦」（第二十三卦））

鼫鼠是一種「形似兔的鼠」，其性貪、膽小。

如果像鼫鼠這種膽怯、沒本事、又貪心的人得到晉升，即使多麼堅貞地遵守正道，也會發生表裡不一、內外無法配稱的錯誤。

沒有能力就不要接受晉升，如果有企圖向上爬升，事先就要培養自己必備的能力，以免文與質不能相配。

六五，悔亡，失得勿恤，往吉無不利。（爻變爲「否卦」（第十二卦））

悔是「後悔」、「災禍」；亡是「無」之意；失得指「失去與得到」；恤是指「憂慮」。

晉升之後非常順利沒有災禍發生，此時祇要保持常態，對於得失不必過於介懷，堅定意志並向目標前進，必然也能順利地達成既定的願望。

福至心靈，做事能夠得心應手，但是也要節制行爲、態度，不要顯出得意忘形之態。

上九，晉其角，維用伐邑，厲，吉無咎，貞吝。（爻變爲「豫卦」（第十六卦））

角是指「角逐」、「競爭」；維同「唯」字；吝是指「吝惜」、「遺憾」。

在求晉升時，要以競爭、角逐方式爭勝，然而求勝之道唯有攻擊或征服對手的私邑人民，這種征伐當然非常危厲，因此，即使是以治理天下、掃蕩不法的行動和心態，雖然可以是理直氣壯不會令人不安，但也不宜經常爲之，經常如此殘暴，即使再有理由，也免不了會帶來一些遺憾。

用武力爭勝是不得已的手段，偶一爲之則可，千萬不要經常使用。因爲有爭鬥就難免有暴力發生，有暴亂的地方就有災禍隨之而來。

三十六、明夷卦

【卦名解說】離下、坤上（☷☲）。

明是「光明」；夷是「創傷」、「誅滅」之意；明夷是指「光明被消滅」之意。

上卦爲坤、爲地，下卦爲離、爲日。日光被埋藏在地底下，光明不見，就像是日光被誅滅了一樣，因此本卦曰「明夷」。

【管理意義】亂世艱貞。

【卦辭】明夷，利艱貞。

當光明隱沒的時代，此時黑白不分、是非不明，君子之人縱然一時無法出人頭地，也不能因此而隨波逐流，此時應當堅守正道，克服艱難困苦，才會有利於人生和社會。不要因爲一時的受挫，而灰心喪志，堅持正義的人終必會有出頭的日子。

【綜卦】「晉卦」（第三十五卦）。

【錯卦】「訟卦」（第六卦）。

初九，明夷於飛，垂其翼。君子於行，三日不食，有攸往，主人有言。（爻變爲「謙卦」（第十五卦））

飛是指「飛翔」、「振動有作爲」；主人是指「君主」，或以現代眼光視之，指「全體民眾」、「百姓」。

當局勢剛剛開始紊亂、黑暗之時，爲了積極作爲，因而會受到了一些中傷。君子之人爲了達成使命，可以不分晝夜，拚力而爲，終於會產生良好的後果和成績，此時君王自會有定見，群眾也會有公論評判。

默默地做事的人初期可能不被重視，甚至還會有人對他有所誤會，但是日久天長，仍然都能一本初衷地認眞服務的人，絕對不會就此被埋沒，終於有一天會被人覺察而賞識的。

六二，明夷，夷於左股，用拯馬壯，吉。（爻變爲「泰卦」（第十一卦））

左股是指「左大腿」；馬壯是指「雄壯的馬」，意指「有力的人士」；拯是指「拯救」。

當明夷之期，君子爲小人所傷，傷及左大腿，幸無大礙，若能找到有力的人士幫助，仍可得救而免於更大的災害。

雖然社會黑暗，人心腐敗，仍然有一些正直之士不惜犧牲個人之安全而抵抗邪惡勢力，另外也會有一批衛護正義的力量，隨時隨地地在拯救正道。

九三，明夷於南狩，得其大首。不可疾貞。（爻變爲「復卦」（第二十四卦））

南狩是指在「南邊狩獵」，離爲南方之卦，故稱南狩；大首是指「首領」。

當明夷之期，爲了開啓光明、找出禍端而往南方巡狩，征討擒獲禍害首領。但是對於其他幫附危害的餘眾則不可罰責過份，此時宜以循循善誘，從容感化之。

千萬不要一次處分一堆群眾，即使有錯，祇要處罰帶頭的一兩個即可，否則容易引起群眾運動，就會使問題變質，變得更複雜。

六四，入於左腹，獲明夷之心，於出門庭。（爻變爲「豐卦」（第五十五卦））

腹是指「心腹」，指「權力核心」；左是「左近」之意；門庭是指「宮庭」，此處是指「權力核心」。

當進入了權力的核心位置，或許由於知道了太多的機密，君王開始對他不太信任，因而產生了毀滅、傷害的心理，如有這種徵兆，不該再待在權力核心，應該及早提出退出的意見。

如果君王或是領導者並不把你視作心腹，很多機密事件不會告訴你，這時應該有自知之明，最好不要主動地參與各種事務，以免引起在上位者的猜忌。

六五，箕子之明夷，利貞。（爻變爲「既濟卦」（第六十三卦））

能夠像箕子一樣，爲了躲避紂王的殺身之禍故意裝瘋，韜光養晦，如此既不至於淪爲無道君王的暴政工具，又可保全性命於亂世，這種做法是很有利的。

不必堅持「漢賊不兩立」的觀念，不願意與暴力共事，也不必故意對抗，白白遭受殺身之禍，留得有用之身，以後還可發揮更大的作用。

上六，不明，晦。初登於天，後入於地。（爻變爲「賁卦」（第二十二卦））

明夷之終極，正義之光明受到了極大的迫害，世事如隱如晦，暗無天日。惡勢力有極高明的迫害手段，很可能剛開始把他捧上了天，待過後沒有利用價值的時候，立刻把他打入了地底。政治上的鬥爭常常見到這種情形，如果有所利用，任何吹捧、贊成的恭維之辭都會宣示，利益用盡了，馬上會換出完全相反的另一付嘴臉和說辭。

三十七、家人卦

【卦名解說】離下、巽上（䷤）。

家人是指「一家之人」。

上卦爲巽、爲風、爲木。下卦爲離、爲火。全家人每日之生活，必要以火燃木爲炊食。這是主持料理一家人生活的景象，故本卦曰「家人」。

【管理意義】修身齊家。

【卦辭】家人，利女貞。

在一家人中，女主人能夠勤儉操持，克守婦道，這個人家就會安寧祥和。

【綜卦】「睽卦」(第三十八卦)。
【錯卦】「解卦」(第四十卦)。

初九,閑有家,悔亡。(爻變爲「漸卦」(第五十三卦))

閑是「防備」、「防閒」之意,又有「熟悉」、「嫻習」解釋;亡是「無」的意思。

一個家剛剛組成時,由於組成的份子不同,習性相異,此時應早做規劃防範,制定規矩,以免瀆亂了家規,能有事先的防範,就不會有後悔之情事發生。

如果海峽兩岸開始交流初期,由於雙方的政治、經濟各有不同背景,思想和觀念在短期之內還不能形成一致,一開始就應考慮制定嚴格公正的規範,防止雙方越軌造成家亂。事先有足夠的防備,就不至於產生後悔的行爲。

六二,無攸遂,在中饋,貞吉。(爻變爲「小畜卦」(第九卦))

攸是指「攸關」、「有所關係」;遂指「成功」、「如意」;中饋是指「操持家務飲食」。

婦人在家祇管家務事,對於男人在外的事業、事務不必干預。如此能夠男女有分,各守正道,則此家人必然一片祥和。

兩岸雙方不妨明訂溝通、各自負責的政務、項目,各自認眞努力,可以互相幫忙,但是不要互相干涉,就能長保融洽和平。

九三,家人嗃嗃,悔厲吉。婦子嘻嘻,終吝。(爻變爲「益卦」(第四十二卦))

嗃是「嚴厲的樣子」;吝是「羞慚」。

九三爲陽，居內卦之上，表示一家的男主人如果終日嚴肅著面孔，會使全家感到嚴酷，缺乏溫暖，如果能夠自省、自悟出過於嚴厲，就會調整態度，因此家人相處會更融洽。但是，若不保持相當的嚴肅，居家無拘，聽任家中婦人嘻笑吵鬧而無節制，則此家必敗，招致羞愧。

海峽兩岸如有機會共同管理，這個管理模式不可採用放任制，也不要嚴苛得令人難過、無法適應，雖然可以歡迎開放式的社會制度，但也不要太放縱而引進安逸娛樂，如此會敗壞了純樸的風情。

六四，富家，大吉。（爻變爲「同人卦」（第十三卦））

能使得家庭富有，生活優裕，這是大吉的。

兩岸關係之維持，最主要的目標是要謀求能使雙方富裕、經濟繁榮、人民生活安和樂利，這才是維持長久和平、友好之途。

九五，王假有家，勿恤，吉。（爻變爲「賁卦」（第二十二卦））

假是「假借」之意，勿恤是指「不用擔憂」。

君王以治家之道，視全國民眾爲一家之人，如此必能使得全國上下相親相愛，全國同胞情同手足，這種治國的成效不需擔憂，相信必定會使國家太平，人民生活安和樂利。

若想兩岸的人民都能生活幸福，相互之間都能相親相愛，將來兩岸的領導者必須要視兩岸人民如同一家之人，不分彼此，鼓勵互助友愛，一家和睦，如此才可長保和平安詳。

上九，有孚，威如，終吉。（爻變爲「既濟卦」（第六十三卦））

孚是「眞誠」之意；威是指「威嚴」。

一家之治，出發點要眞誠無僞，而且一家之主也要有相當的威嚴，不威則會令人輕浮簡慢，能夠長保眞誠和威嚴，才能夠長久令人信服和感受到被保護的安全。

兩岸的交往和共同管理，要以愛自己家人一樣地發自內心的眞誠，其態度認眞、嚴肅，表現出決心和信念，如此就能長保兩岸同胞間的和睦共存，互信互利。

三十八、睽卦

【卦名解說】兌下、離上（☲☱）。

睽是指「違背」、「乖異」、「睽違」之意。

本卦上卦爲離、爲火，下卦爲兌、爲澤。火性向上，澤性流下，二者性質相反，就是互相違背之象，故本卦曰「睽」。

【管理意義】意見不合。

【卦辭】睽，小事吉。

雙方既然已經是人情乖離、相違失和了，不可能再談人事的合作，倒是獨自地還能做些小事，應該努力地去做，可能還會有一些好的成果。

【綜卦】「家人卦」（第三十七卦）。

【錯卦】「蹇卦」（第三十九卦）。

初九，悔亡。喪馬勿逐，自復。見惡人，無咎。（爻變爲「未濟卦」（第六十四卦））

悔是指「懊悔」；亡是指「無」；復是「回復」；惡人是指「小人」。

睽象之初，本來會有些懊惱，但是本卦之初爻爲陽，與九四同爲陽剛相互對應，雖非正應卻是同剛而能相互支援，因而也就「無悔」了。處理這種不愉快的事不必急於明辯解釋，就像是馬匹脫韁而逃，不可追趕，否則愈追愈遠，不如聽其自然，到時候就會自己回頭。此時見到小人，也不必刻意躲避或表示嫌惡，一切以平常之心對待，就會免去了小人的加害之意。「君子與小人」但憑一念之間，不去招惹、不故意仇視或惡言相向，就無所謂小人。

九二，遇主於巷，無咎。（爻變爲「噬嗑卦」（第二十一卦））

主是指「主人」、「主公」。

和自己當年的主公意見不和，相違已久，突然在人少的小巷內不期而遇，雖然二者在大方向上的意見不同，但在小節之處仍應互相遵從該有的禮節，祇要是不違背大原則的小事，該幫忙主公的，仍然應該幫忙。

人要不忘本，不忘記當年曾經提攜之人，二人雖然意見不同，也希望能有異中求同的精神，祇要大方向不變，其他的人情禮節仍然可以保留。

六三，見輿曳，其牛掣，其人天且劓。無初有終。（爻變爲「大有卦」（第十四卦））

輿是指「車廂」；曳是「拖、拉」之意；掣是「牽制」；劓是「割去鼻子」的刑罰，其意指很重的傷害。

見到車子向一邊拉，而駕車的牛卻往另一方向死命的拽，趕車的人有著向天的遠大志願，此時卻無法前進，因此非常著急。這種情形就像是受到了割鼻似的重刑。此時不要太過急躁，暫且放輕鬆，不要硬碰硬做些沒有意義的事，暫時先順著牛性往前走，也許方向並不太對，但是慢慢地再試著迴轉方向，最後仍然可以駛向目的地。

先爭取認同，再設法導引，總比先要求對方承認你的對然後才談溝通，有意義而且可行得多。

九四，睽孤，遇元夫，交孚，厲無咎。（爻變爲「損卦」（第四十一卦））

孤是指「孤單」；元夫是指「大丈夫」、「男子漢」；交孚是指「交友有誠信」；厲是指「厲害」。

眾人皆睽違、背離了，前後皆無志同道合之友，感到十分孤單之際，此時得遇豪邁的男子漢、大丈夫。交朋友不必心存疑忌，不必耿耿於懷被人背離的挫敗，還是要待人以誠，以赤子之心坦誠從事，雖然處身在四面背信的危厲情形之下，相信必然還能交到一位眞心回報的好朋友。

儘管在最失落的情況下，也不要忘記眞誠待人，上天終必會有相對應的回報。

六五，悔亡。厥宗噬膚，往何咎。（爻變爲「履卦」（第十卦））

宗是指「宗親」；噬是「咬」之意；膚是指「膚淺」。

眾人皆背離了，本來是感到萬念俱灰，懊惱沮喪，但是事到如今就不必再空自嘆悔，因爲看到了背離的宗親們，雖然也和其他背叛者一同反面相向，但是他們的齒咬僅及於外表皮膚，並未盡全力的破壞，可見祇要再努力表現自己的誠心，爭取認同，就不會再生差錯，仍然是很有希望再挽回這些失去的人心。

背叛的眾人裡有些是「主」有些是「從」，甚至有些是糊裡糊塗的受到了蠱惑。不要洩氣，還是要真心真意地面對過去的朋友，不把芥蒂放在心上，該覺悟的自然就會覺醒的。

上九，睽孤。見豕負塗，載鬼一車，先張之弧，後說之弧，匪寇婚媾，往遇雨則吉。（爻變為「歸妹卦」（第五十四卦））

豕是指「豬」；負塗是說「沾滿了泥濘」；張是指「張弓射箭」之意；說是指被「說服」；匪寇是說「不是盜匪」；婚媾是指前來「結交姻緣」；遇雨是指「陰陽調和」之意。

當眾人背離之時，前途茫茫，孤獨無伴，意氣索然。此時見到一車髒豬，就會誤會是一車暗鬼，就像是見到不順眼的人，就會懷疑他就是暗地陰謀的人，本來想張弓射殺他們，繼而又被自己的理智所說服了，再仔細考察，原來這些並非前來惹事的盜匪，而是前來示好結交求和的。怎樣才能確實知道誰好誰壞？要看清楚了，祇要是陰陽調和、雙方互有需要的時候，就會很自然、很友善地結交成好朋友。

好人與壞人不要以外貌衡量。是否會背叛、是否會成為好朋友，要看雙方是否真誠地相互需求，能夠相互調和的才是互相需要的好朋友。

三十九、蹇卦

【卦名解說】艮下、坎上（䷦）。

蹇是「艱難困苦」的意思。

上卦爲坎，爲「坎陷」、「坎坷」，下卦爲艮、爲山。前面的路途坎坷不平，後有高山險阻，這是進退兩難、艱困之象，故本卦曰「蹇」。

【管理意義】共體時艱。

【卦辭】蹇，利西南，不利東北。利見大人，貞吉。

大人指「有才德的人」。

西南是坤，代表平順，東北爲艮，代表高山險阻，因此在險困之時，宜朝向平坦的西南，而不要走向東北方。此時前途茫茫，無所適從，最好推舉一位有才、有德的人領導大家度過難關，在艱難過渡時期，人人都要奉公守法，團結一致，不要自己產生不法的矛盾，否則任何人都沒有辦法幫助大家解困濟危。

【綜卦】「解卦」（第四十卦）。

【錯卦】「睽卦」（第三十八卦）。

初六，往蹇，來譽。（爻變爲「既濟卦」（第六十三卦））

艱困初期若有人能夠前往面對挑戰，迎上艱險困苦，必會獲得眾人的欽敬和讚佩。

艱困初期凶危還不算太大，有勇有謀之人可以挺身而出對抗艱險、解決困難，這是英雄的行徑。

六二，王臣蹇蹇，匪躬之故。（爻變爲「井卦」（第四十八卦））

王臣是指「君王和大臣」；匪躬指「沒有親身體驗」之意。

艱險之情繼續持續中，君王和大臣們都陷入了艱困的情況，這都是由於他們平時沒有親身體察民情的困苦，因而遇事就無法解決的緣故。

唯有親身經歷過和處理過危難的人，才會臨危不亂，處變不驚。

九三，往蹇，來反。（爻變爲「比卦」（第八卦））

艱困已至相當的程度，此時若想再往前進，必然陷於前途的險境，不如先回到原來的出發點，暫時還能獲得一絲安全性。

進退兩難之際，一動不如一靜，靜待其變，靜待思考更佳的良策。

六四，往蹇，來連。（爻變爲「咸卦」（第三十一卦））

要再繼續前進艱險之途，單憑本身的力量是不夠的，應該聯絡其他同時被困的人士，合力突破求助，前途才有希望。

聯合眾人的力量，共同衝破艱難，總比獨身犯險，成功的機會來得多。

九五，大蹇，朋來。（爻變爲「謙卦」（第十五卦））

艱險到了最大的困苦時刻，由於其本身還能硬挺至今，因而引發了眾人的慷慨激昂，大家都願意前來伸出援手救助。

遇上小災難的時候，別人似乎認爲不必幫忙，他自己就可以照顧自己，或是認爲他應該自己承受得起，就不想自找麻煩前去幫忙，一旦見到了重大的災難情況，同情心油然而起，伸手救助的人就會多了。

上六，往蹇，來碩，吉。利見大人。（爻變爲「漸卦」（第五十三卦））

碩是指「大」、「碩博之才」。

前往解救艱困的最好有位具有大理想、大抱負、有才識的人，由他帶領大家，就必能有效地度過危機和困難。

烏合之眾難以集中力量，要想發揮統合的力量，必須要推舉一位有才有德的人領導大家。

四十、解卦

【卦名解說】坎下、震上（☳☵）。

解是「解脫」之意。

上卦爲震、爲雷，下卦爲坎、爲雨。雷雨交加，說明鬱悶的天象因而散熱，把一團一團的熱氣打散了，就像解脫了一樣，故本卦曰「解」。

【管理意義】解難抒困。

【卦辭】解，利西南。無所往，其來復吉。有攸往，夙吉。

西南爲坤，爲眾，有助於大家之解脫險阻，或是解放痛苦。若是天下的苦難都已經解脫，就沒有必要再有所行動運作施爲，應該回復到原來的位置是最理想的，假如還有該做的事未做，應當及早提出規劃，準備實施才是正途。

【綜卦】「蹇卦」（第三十九卦）。

【錯卦】「家人卦」（第三十七卦）。

初六，無咎。（爻變爲「歸妹卦」（第五十四卦））

當災難得以解脫之初，一切的感覺都是那麼新穎美好，人人都會珍惜辛苦得來的成果，就不會有什麼不良的過失了。

唯有曾經經歷苦難的人，才知苦難之痛，才會認眞地思考解脫之意義。

九二，田獲三狐，得黃矢，貞吉。（爻變爲「豫卦」（第十六卦））

田是指「田獵」；三狐是指「三隻狐狸」；黃色是指正中之色；矢是「箭」，是指「正直」之意。

解脫了困境之後，田獵中獵獲了三狐，亦即是擒服了許多小人，並且還獲得了社會正義讚佩的回響，如果去除小人的動機和做法都能保持正道純眞，就必定能夠獲得大眾的支持，處事必然順利無礙。

自身的問題解決了之後，別忘了迫害社會大眾的陰險小人，也要鼓起勇氣和毅力一併設法殲除之，爲了社會的公益，大家必然都會支持他。

六三，負且乘，致寇至，貞吝。（爻變爲「恆卦」（第三十二卦））

負是「背負」、「負債」之意；乘是「乘車」、「駕車」。

困境已經解脫，後顧之憂已除，警覺之心開始懈怠，在高位者肩負著重大任務，也不知道避諱、收斂，竟然行跡招搖地乘坐高車駟馬，爲對手、小人所矚目，必然會被設計陷害，這樣的行爲即使自認爲是正心誠意，也必定會招致虧損。

身負重任要格外地小心謹慎，以免被人抓住了行爲上或言語上的漏洞，這種殺傷力尤其對於佔上風者，吃虧更大。

興票案對於宋楚瑜的傷害，大家有目共睹。

九四，解而拇，朋至斯孚。（爻變爲「師卦」（第七卦））

解是「解除」之意；拇是指「腳拇指」，此處是指初期的困境；朋是指「朋友」；孚是「誠信」、「信服」。

在努力解脫困境時，大家都在觀望你的行事理念和方法，如果初期的困難能夠得以迎刃而解，那些四周待機的朋友就會信服你，才會有信心集中爲你效力。

宋楚瑜應該打一兩場漂亮的硬仗，一旦勝利，前後望風而歸的朋友就會更多了。

六五，君子維有解，吉，有孚於小人。（爻變爲「困卦」（第四十七卦））

維是指「維繫」；解是指「解除」。

解脫困境之後，君子要想長久維繫這種脫困的情況，要看小人的動向，如果小人都已被消除，君子就能得到晉用，社會就會安定，人民就會有福。執政黨不能帶給國家幸福、安定，要看看在檯面上的那些人物，是不是還有以前的那些「小人」？如果不能徹底消除，暫時的脫困並不能維持太久。

上六，公用射隼，於高墉之上，獲之，無不利。（爻變為「未濟卦」（第六十四卦））

公是指「德高望重之人」；隼是指一種兇猛的「鳥禽」；高墉是指「高牆」。脫離了困境，社會上的高才賢達可以有能力和精神去射殺或捕獲一些肆無忌憚、為禍民眾的凶禽惡霸，國家大害得以消滅，人民的生活就會更幸福，國家更安定了。「安勿忘危」，要一鼓作氣把危害社會的壞份子連根拔除，以免毒素未除，又再繁殖為禍。

四十一、損卦

【卦名解說】兌下、艮上（☱☶）。

損是「減損」、「損害」之意。

上卦為艮、為山，下卦為兌、為澤。澤在山下，澤水愈深，就是愈損兌澤的深度，則愈顯得高山之高，這是損下益上之象，故本卦曰「損」。

【管理意義】減損增益。

【卦辭】損，有孚，元吉，無咎，可貞，利有攸往。曷之用，二簋可用享。

損是「減損」；有孚是有「誠信」；元吉是指「大吉」；曷是「為何」之意；簋是「裝食物

的竹器」，古人用以盛祭品，爲祭品中最簡陋的。

受到了減損，如果是出於本身的至誠，心甘情願的接受犧牲，就必然在另一方面會有所得，整體的衡量仍然是最佳的。因而，這種局部的犧牲仍然是合理的規劃，其中所產生的效益不是表面上所見到的虧損。當在進行事務之時，用什麼樣的設備和工具呢？祇要是實用有效，即使是最簡陋的「簋」，祇要用得妥當，用對地方，仍然可以達到應有的效果。

犧牲小我，完成大我，這種自我減損對於整體而言還會帶來更多的效益，但是一定要他本人毫無勉強的情況下，願意如此犧牲才可以。

【綜卦】「益卦」（第四十二卦）。

【錯卦】「咸卦」（第三十一卦）。

初九，已事遄往，無咎，酌損之。（爻變爲「蒙卦」（第四卦））

已是「已經」；遄是「急速」之意。

已經過去的事就讓它迅速結束，不要因事而牽掛，一切重新再出發，祇要愼重謹愼，仍然大有可爲。雖然開始有了一些損傷，也不要因而自哀自傷，爲了更遠大的理想和效益，必要的減損還是必需的。

處事應以整體爲重，如果能犧牲一點局部的利益，因而可以換取更多、更廣的效益，這點犧牲是值得的。

九二，利貞，征凶，弗損益之。（爻變爲「頤卦」（第二十七卦））

受到損害之後，宜於固守，採取守勢和實行中庸的正道，如果此時討伐叛逆，將會受到更大的傷害，因此，在此時的休息養健期間，最好不要再有所損傷，應該規劃如何增進實力，才是最急迫的方法。

養精蓄銳，待機而發。先求自保，先要保住了自己沒有損傷，再設法增強實力。

六三，三人行，則損一人，一人行，則得其友。（爻變爲「大畜卦」（第二十六卦））

在損傷期間，人人猜疑心重，當三個人同時進行一個方向，做同一件事，每一個人都會懷疑另外兩個人，可能會合起來暗算他。如果祇有一個人獨自行事，則會感到孤獨，不僅需要朋友，也需要助力，如此就很容易地交到了志同道合的夥伴。

人多嘴雜，表示意見也容易生衝突，要想做事不如自己主導，再尋求志趣相合的朋友支援，其效果反而較佳。

六四，損其疾，使遄有喜，無咎。（爻變爲「睽卦」（第三十八卦））

損是指「減損」；疾是指「疾病」、「疾苦」；遄是指「快速」。

把不好的「疾苦」減少，就能儘快地把喜事帶來，這種減損是令人高興的一種，不會帶來過錯和災禍。

減少不必要的應酬，減少抽煙、喝酒，減少內心的慾念，這些都祇會帶來純淨的愉悅，提升性靈的品質，不會產生不良的副作用。

六五，或益之，十朋之龜弗克違，元吉。（爻變爲「中孚卦」（第六十一卦））

或是「或許」；朋是指「古貨幣」，五貝為朋；龜是指「龜甲」，占卜之用。

減損至極，不一定是不好，或許還能有所助益，如果能夠虛中、自損為益，必定使得群賢爭相效命，為其決策謀劃，而以十朋之重金卜卦，也不得不相信群賢之策為正確，這種「損」絕對是非常有益的。

國民黨的總統大選失敗，執政權讓位，這種「損」也許是考驗和刺激國民黨能夠自我警惕、自我革新，是浴火重生、重新出發的好機會。

上九，弗損益之，無咎，貞吉，利有攸往，得臣無家。（爻變為「臨卦」（第十九卦））

無家是不以「私家」、「化天下為一家」之意；臣是指「臣服」、「歸順」。

雖然受到了極大的損傷，但是以整體而檢討，這種「損」反而有益，因此無害，不必憂煩。但是要堅守正道才有利於進取努力，則眾人才會歸附，都能公而忘私，化天下為一家，為盡忠而拚命努力。

受屈而亡的屈原、文天祥、岳飛，都是死後才更受世人敬重。「求仁得仁，死得其所」，這種犧牲確是具有相當的意義的。

四十二、益卦

【卦名解說】震下、巽上（☳☴）。

益是「增益」、「富裕」、「利益」之意。

上卦爲巽、爲風，下卦爲震、爲雷。雷動致雨，風吹遍野，萬物都會受惠而滋長，此象稱爲「益」。

【管理意義】強化增益。

【卦辭】益，利有攸往，利涉大川。

所從之事能有益於大眾，則必會受到歡迎。利益方向一致，則眾志成城，沒有無法克服的難關。

【綜卦】「損卦」（第四十一卦）。

【錯卦】「恆卦」（第三十二卦）。

初九，利用為大作，元吉，無咎。（爻變爲「觀卦」（第二十卦））

大作是指「大作爲」。

受到益處之始，將所受之惠用在對於民生、社會更有作爲的地方，這是非常好的思維和做法，應該會帶給全體民眾更多的福惠，絕不會引起不滿的爭議。

本身獲得了好處之後，也不要忘了其他沒有受惠的人，如此才不致惹人眼紅、引起嫉妒。

六二，或益之，十朋之龜，弗克違，永貞吉。王用享於帝，吉。（爻變爲「中孚卦」（第六十一卦））

帝是指「上帝」。

受益之後或許又受到再增益的好處，但是即使以十朋之重金所卜之卦，也不能不相信「益」卦之遵行法則，一定要堅守正道，這種受益才得長保。君王之享用財富、利益，也要視上帝的旨意而爲，如能遵守正道不違，就能獲庇祐而無災害。

儘管企業賺得了利潤，如果能做到「不利而利」，則下次仍然還會再賺錢。而如果是眼光短淺的老闆，衹知近利，把賺來的錢都放在自己的口袋，下一次就不一定還能如此有效的賺錢。

六三，益之用凶事，無咎，有孚中行，告公用圭。（爻變爲「家人卦」（第三十七卦））

凶事是指「不幸之事」；中行是指「中道」、「中庸」；圭是指「信物」；告是指「報告」；公是指「上級長官」。

將增加的獲益用來救濟災情，不會引致指謫責備，但是執行期間應該有誠信而且不要偏激，向上級報告時應該有憑有據，做事認眞而且要愼重其事。

增加稅收用來救濟災民是合情合理的，但是要憑良心做事，不要貪瀆了民衆的血汗錢，每一分用度都要有根有據。

六四，中行，告公從，利用為依遷國。（爻變爲「無妄卦」（第二十五卦））

從是指「信從」；依是指「依據」、「依從」；遷國是指「遷移國家之重心」。

增益之執行必定要中正中肯、不偏不私，執行時必先稟告上司，獲得信任、信從之後再實施。根據中正原則和上司的教導，作爲未來建邦重心調整的參考。

當企業之經營獲得了利潤，獲利之分配要公正無私，要從遠處著眼，根據既定的策略調整經營實施的方法。

九五，有孚惠心，勿問元吉。有孚惠我德。（爻變爲「頤卦」（第二十七卦））

惠是「仁愛」、「施惠」。

爲萬民增加利益，祇要有誠信之意、嘉惠眾人之心，不必多問是否會有多大的好處。祇要誠心誠意地去做，必定能夠增進本身高尚的品德，必會使萬民懷恩感佩。

所謂「不私而私」，原先並不是爲了本身私人之利益，但是執行到後來，獲得最大的利益的還是他本人自己。

上九，莫益之，或擊之。立心勿恆，凶。（爻變爲「屯卦」（第三卦））

莫是「不要」、「不能」之意；擊是「攻擊」、「受襲」；恆是指「恆心」。

追求本身的利益，達到極點之後就不會再增加了，不僅如此，可能還會受到外力的攻擊。爲人不要過份貪心，這個道理大家都懂，但如果不能堅定信念，心思隨著物慾而變，就會受到本身貪念的不滿足所懲戒，也會受到外力爭奪的危險而痛苦。

四十三、夬卦

【卦名解說】乾下、兌上（☱☰）。

夬是「決而不疑」之意。

上卦爲兌、爲澤，下卦爲乾、爲天、爲高。澤水處在高處，其水必然決潰如奔似的直流而下，此象爲毫不遲疑的樣子，故本卦曰「夬」。又本卦有五陽爻爲君子，一陰爻爲小人，君子道長，小人道消，表示君子堅決地決去小人之意。

【管理意義】堅絕分離。

【卦辭】夬，揚於王庭。孚號有厲。告自邑，不利即戎。利有攸往。

君子排斥小人，必須公開地聲明，並說明小人的罪行。小人雖然暫時被驅離了，但是君子也要誠懇地向民眾宣布號召，告勉大家防範小人再來爲惡、爲厲。告訴全體百姓同胞，君子剋服小人，最好以君子本身的修德壓制小人的陰損，若硬是以武力使其就範，終不能長久保持，還不是很好的方法。

君子嫌惡小人，不願意和他們一般見識，而君子又心存厚道，也不想揭穿小人的罪行，但是一般世人無知，竟還會怪罪君子的無情。

【綜卦】「姤卦」（第四十四卦）。

【錯卦】「剝卦」（第二十三卦）。

初九，壯於前趾，往不勝為咎。（爻變爲「大過卦」（第二十八卦））

趾是指「腳」的意思；勝是「勝利」、「承受」之意。

當決絕之時，與同夥的人斷絕了關係，力量減弱了，失去了後盾力量，就如同人的兩隻腳承受全身重力，此時祇剩下了前腳有力，後腳無力，在這種力不充沛的情況下，還想去承擔重責大任、懲惡除奸，必定力有未逮，就會失敗害事。

團結才有力量，如非萬不得已不要傷筋動骨，與自己的同夥反目成仇、減損力量，萬一事實已經造成，就應自省，此時的實力已經減弱，暫時不必考慮再作爭鬥的大事。

九二，惕號，莫夜有戎，勿恤。（爻變爲「革卦」（第四十九卦））

惕是指「警惕」、「憂心」；號是指「呼號」、「號召」；莫是指「暮」，莫夜是說「暮夜」。

當決絕地與同夥斷絕關係之後，本身的力量減弱，此時要自我警惕，告誡全體同仁，敵人會趁黑夜、混亂之際來襲，大家若能隨時武裝戒備，就不用怕敵人的偷襲了。

公司的老闆不要隨意開除員工，被開除的人必心懷恨意，隨時伺機報復，公司上下更要格外小心，因爲這位被開除的員工對於公司內的大小機密都很熟悉，其破壞的手法很難防範。

九三，壯於頄，有凶。君子夬夬獨行遇雨，若濡有慍，無咎。（爻變爲「兌卦」（第五十八卦））

頄是指「面頰」；濡是指「潮濕」；慍是指「生氣」。

盛氣顯示於臉上，一望就知道將對某人有所圖謀，對方必會事先防範，甚至反擊，此種處境非常危險。君子爲了整頓紀律，維護正義，毅然決然地要把小人革除，此舉縱然是爲了正道，但是也會觸怒一些不知情理的人，難免衆人非議，君子的正義行爲竟然顯出落漠而獨行，還會受到冰冷雨水的沖淋，此時難免會有怨憤之氣，這也是人之常情，無可厚非。

維護公理的型態，每個人所施用的手法各不相同，事先未能宣示明白，很容易造成其他正義之士的誤解。

九四，臀無膚，其行次且。牽羊悔亡，聞言不信。（爻變爲「需卦」（第五卦））

臀是指「臀部」；行是指「行爲」、「行動」；次且是指「行不前進」的樣子；悔亡是指「無悔」。

與很多人決裂之後，友人勢力減少，阻力增大，就像是臀部沒有皮膚，坐立難安，如果還一意孤行，則前進不能順暢，意志不得自由，而如果把孤羊牽入羊群之中，就會自由自在而得安適無慮，雖然有此說法，但是用之在人的身上，卻很難令人相信，或是願意接受。

人的內心經常充滿了矛盾，事物的道理不見得不懂，但是如果人加上了「自私」、「猜忌」、「貪、嗔、痴」，就會自我否決了原來自認爲「是」的道理。

九五，莧陸夬夬，中行無咎。（爻變爲「大壯卦」（第三十四卦））

莧陸是指「馬齒莧」，一種柔脆的草本植物。

對於小人，要能痛下決心與之決絕，就像折斷「馬齒莧」一般，乾脆俐落，但是小人難纏，革除了小人難免會有後遺症，因此必須十分地公正，要有充分的理由才可以大膽地下手。

得罪了小人，後果難當，因此下手革除小人之前，先要細細思量有無漏失把柄落在別人手中，一旦很有信心就要當機立斷，不要拖泥帶水，否則反而授小人充分準備的時間。

上六，無號，終有凶。（爻變爲「乾卦」（第一卦））

號是指「號召」、「宣示」。

當與小人決裂分手，如果沒有向社會大眾明白地宣示爲何要這麼做，難免社會上有些正義之士被小人遊說之後反而會有所誤解，也可能會有些不知情的人此時還不曉得被革除的小人已經沒有關係了，如果繼續和他來往，可能會被暗中破壞。

是與非、正義與邪惡，一定要講明白，把關係也敘述清楚，不要混雜一團，否則小人仍然會在其間乘機破壞。

四十四、姤卦

【卦名解說】巽下、乾上（☰☴）。

姤是「相遇」之意。上卦為乾、為天，下卦為巽、為風。風在天空吹動，天下萬物莫不與風相遇，這就是「姤」卦。

【管理意義】偶遇之情。

【卦辭】姤，女壯勿用取女。

姤是「相遇」、「配偶」之意；壯是指「壯年」、「強壯」；取即「娶」之意。

途中偶遇壯健之婦女，不可娶其為妻，以免女壯傷男，女子逞強家庭必不幸福。偶遇的婦女，不知底細，也不瞭解彼此的個性涵養，但從女子強壯的外型或可判斷此女子必定個性強，征服慾重，這種典型的女子不容易和諧，貿然結合恐怕會引來禍事。

發展事業招募股東，如果有大財團突然想要介人，也不宜與之合作，因為大財團遇事必定不肯妥協，一不小心，小企業就被併吞了。

【綜卦】「夬卦」（第四十三卦）。

【錯卦】「復卦」（第二十四卦）。

初六，繫於金柅，貞吉。有攸往，見凶。羸豕孚蹢躅。（爻變為「乾卦」（第一卦））

繫是「綁住」之意；金柅是指「瘦弱的豬」；蹢同「躑」，躑躅是形容「徘徊不前」的樣子。

突然遇到偶發事件要能穩住陣腳，就像用剎車牢牢地控制住車，不使前進。前進時，務必先要觀察明白，否則貞正的君子可能會受到傷害。如果毫不考慮地繼續前進，君子必會見害。人要有主見和前行的目標方向，不能像飢餓瘦弱的豬，祇知圍著覓食打轉，沒有積極的行動目標。人如果沒有理想原則，那祇要有人餽贈就會接受賄賂。但是人情和賄賂有時又很難加以區分清楚，當你收到禮物時不妨慎重考慮，其中最重要的，不要被突如其來的插曲影響了你做人做事的原則方向。

九二，包有魚，無咎。不利賓。（爻變爲「遯卦」（第三十三卦））

包是指「包住」、「裹住」；魚是形容活蹦亂跳的慾望；賓是「服從」之意。

遇到偶發事件務必要把內心熱烈的慾望收斂起來，行事要沉穩才不會出差錯。遇事不要太激動，也不要輕易地受到鼓動而被別人牽著鼻子跟著走，務必三思而行，以免後悔。

突然有美色出現當前，或是有重金的利誘，要能辨明是非，把握住做人、做事的分寸，絕不要被物慾所左右。

九三，臀無膚，其行次且。厲，無大咎。（爻變爲「訟卦」（第六卦））

次且是指「行不前進」的樣子。

臀部的皮膚都沒有了，形容坐立難安，本身處境極不穩定安適的情況下，遇到了偶發事件，對應之間要謹慎小心，謀定而後動，雖然環境局勢危厲，祇要能嚴格地穩住，就不至於有很大的差錯。

本身尚有困難，立身也未安定之前，應該先求健全自己，本身力量不足，不宜與陌生人打交道，甚至盲目地與其結盟共事。

九四，包無魚，起凶。（爻變爲「巽卦」（第五十七卦））

有魚是指「內心的熱情」，無魚則是指「冷漠的外表」，包無魚即是收藏起冷漠的臉孔。

當民眾突然遇到困苦時，爲了表現親民而僞裝出非常和善、興趣的表情，但是後續並不能眞心地爲民解困，百姓因而更加怨恨。

政見發表不要爲了一時的吸引民意，而信口開出不能兌現的支票，被愚弄過的民眾將會永遠記恨著曾經被欺騙的事實。

九五，以杞包瓜，含章。有隕自天。（爻變爲「鼎卦」（第五十卦））

杞是「杞柳」、「枝條可供編物用」；瓜是指「瓜果」；含章是「銜含著的彰顯」；隕是指「隕落」、「墜落」。

能力超強的人無論如何也難以掩飾鋒芒畢露的才華，但是這樣會遭人嫉妒，難以預料，不曉得什麼時候就會突然飛來致命的橫禍。

「匹夫無罪，懷璧其罪。」要小心謹慎，行事內斂，不要引起別人的覬覦而惹來不必要的麻煩。

上九，姤其角，吝，無咎。（爻變爲「大過卦」（第二十八卦））

角是指「角力」、「競爭」；吝是指「吝惜」。

對於突發的狀況，人與人相遇起了摩擦，縱然是發生了衝突，也不必過份計較，應該珍惜難得的緣分，這樣就不會產生無情的爭鬥和災禍了。

來往的行人難免有碰撞摩擦的情形，即使不小心傷害到對方，相信必定不是有意的，不必過份爭吵，各讓一步，海闊天空。

四十五、萃卦

【卦名解說】坤下、兌上（☱☷）。

萃是「聚集」之意。

上卦爲兌、爲澤，下卦爲坤、爲地。澤在地上滋潤了大地，草木因而叢生，這就是「萃」卦之象。

【管理意義】眾望所歸。

【卦辭】萃，亨，王假有廟。利見大人，亨，利貞。用大牲，吉。利有攸往。

假是「假借」、「憑藉」；廟是指「宗廟」；大牲是指「豐厚的牲禮」。

群眾能夠聚集一處，表示民心歸順，地庶民富，這是非常好的現象。在群眾中，出人頭地的王者憑藉祖先的威望，號召百姓，安撫人心。這些人眾的領導，必須要有才德兼備的大人，才足以帶領大家，才可能帶領著眾人蓬勃向上。但是引領群眾必須趨向正道，否則漸行漸遠，終必眾叛親離。當祭祀時，拜祭祖宗庇祐一定要誠心誠意，用最豐厚的祭品顯示虔誠之心，對鬼神誠意，對人、用人也能以重金禮聘，表現出高尚的禮遇，如此必會人才雲集，廣泛而普遍地獲得支持。

【綜卦】「升卦」（第四十六卦）。

【錯卦】「大畜卦」（第二十六卦）。

初六，有孚不終，乃亂乃萃，若號，一握為笑，勿恤，往無咎。（爻變爲「隨卦」（第十七卦））

不終是指不能「始終如一」；亂是指「散亂」；號是「宣稱」、「號召」；握是指「握手」；恤是「體恤」。

當招兵買馬、聚集人氣的時候，如果不能有始有終地講求誠信，所號召的群眾就會一下子受到感召而聚攏，一下子又會因爲失望而散離。如果把號召群眾的大義僅僅視作如同握手般的嬉笑草率，這種人的理念不值得體恤，應該儘早離開他，另投明主才是對的。

許多政黨成立之初，此政黨所提出的各種黨綱黨章、黨的召集人所提出的理想，能夠吸引很多志同道合的人共同加入，組成了政黨，但是久而久之，政黨的運作開始發酵變質，許多做法和開始時的說法已經不一樣，此時就有許多原先熱心投入陣營的人因爲失望而離開了。

六二，引吉，無咎，孚乃利用禴。（爻變爲「困卦」（第四十七卦））

引是「牽引」；禴是指「簡易的祭典」。

當聚集群眾時應當規劃方法導引大眾，如此才會有效率，錯誤的情形也會減少。可以利用各種祭典，或可藉助神明，以祖先的影響表現出，由於祖先都支持，所以值得大眾信賴。

每次選舉，常見到候選人爲了表明心跡、表明誠意，在寺廟前剁雞冠表示自己清白，這也是藉助神明之力，號召大眾的信賴。

六三，萃如嗟如，無攸利，往無咎，小吝。（爻變爲「咸卦」（第三十一卦））

萃是「聚集」；嗟是「嗟嘆」。

當招聚群眾的時候，某人前去投效，但是並未受到想像中的禮遇，此人心中難免怨恨而嗟嘆，再繼續相處下去也不會有所利益，此時應該離開他往，雖然不會吃虧，但是內心總是難免有些惋惜之意。

應徵某家公司，當投身加入公司職員的行列，才發現公司的待遇、年度升遷機會都和原來的想像不同，因此又萌生了離職的念頭，雖然可以離去，但是總是捨不得曾經付出過心血的過程。

九四，大吉，無咎。（爻變爲「比卦」（第八卦））

招聚理念相同的同志，人數愈聚愈多，已經能夠形成了相當的氣候，無論對於未來的企業經營或是發揮施政理念，都會有極大的幫助。

能夠長久而有規模地掌握群眾的力量，就可以有效地發揮群眾的影響力，做一些正道而有益於社會國家的大事。

九五，萃有位，無咎。匪孚，元永貞，悔亡。（爻變爲「豫卦」（第十六卦））

位是指「位置」、「官位」；匪孚是指「未能獲得誠信」；元是「大」的意思。招聚了人才，就應該給他一個適當的職位或任務，這樣才不會讓他感到不被重用而生叛離之心。如果這樣仍然無法獲得此人之信任，就應該更加強表示永固堅貞的誠信、道義，就會使他不再有後悔異心。

如果不能重用，就不要招納此人，否則還會增添了一個怨恨之心。

上六，賫咨涕洟，無咎。（爻變爲「否卦」（第十二卦））

賫咨是「嗟嘆」之意；涕洟是指「鼻涕眼淚」。

聚久必散。由於大勢已去，群眾已經不再有向心力，眼看著多年努力號召的人氣力量即將崩散，不免嗟嘆而感慨得涕淚縱橫，如果能因此而知所警惕，知道何以群眾離心離德的道理，將來仍有再重新出發、浴火重生的機會。

國民黨百年老店，一旦慘敗在二〇〇〇年總統大選，數十年的執政寶座拱手讓人，黨員士氣渙散，號召無力，此時黨的改革再造如果能眞心誠意地去做，仍然還有機會，否則，如果祇是虛應一下故事，未來國民黨的前途難以預料。

四十六、升卦

【卦名解說】巽下、坤上（☷☴）。

升是「上升」之意。

上卦爲坤、爲地，下卦爲巽、爲木。木生在地中，慢慢長高，這是上升之象，故本卦曰「升」。

【管理意義】步步高陞。

【卦辭】升，元亨，用見大人，勿恤。南征吉。

恤是指「憂慮」；南是指「離」，爲「光明」之意。

由下晉級而上，當然是非常亨通、吉利之事，以此時之氣勢前去拜見一些大人物，必定有所助益，不必憂慮升級不成，但是晉升之後的行事必須要遵行光明之道，才會長久吉利，否則就不能有好下場。

既然有強健的自信心，又有認眞積極的企圖心，做事光明磊落，無愧無私，必然會有人提拔而出人頭地。

【綜卦】「萃卦」（第四十五卦）。

【錯卦】「無妄卦」（第二十五卦）。

初六，允升，大吉。（爻變爲「泰卦」（第十一卦））

允是指「允當」、「得當」。

當本身的條件成熟了，足以擔當升等後的職務時，此時之「升」才是適當，才能夠配合志向，才可有所發展。

能力不足的人硬是要承擔超過能力範圍的重責大任，即使勉強的升職，也不能勝任愉快。

九二，孚乃利用禴，無咎。（爻變爲「謙卦」（第十五卦））

禴是指「簡易之祭典」。

能獲晉升，必先獲得上級的信任，表現誠意的方法不在乎有多麼厚重的晉見之禮，或是表現什麼了不起的豐功偉蹟，重要的是內心的誠意，即使外表形式的簡陋，也不會影響結果。誠意和認眞要能適度的表示出來，但是不必講求形式上的聲勢，外表太虛假也會引起不必要的猜忌。

九三，升虛邑。（爻變爲「師卦」（第七卦））

虛邑是指「荒廢無人的地方」。

當誠信已獲大家普遍的認同了，以後的晉升就會順理成章，就像是進入了無人之邑，毫無抗爭抵擋的情形。

長期的經營努力奠立了良好的信譽，一旦需要晉升更上一層樓，就不會有競爭的對手，自然而然地可以出人頭地，獲得晉升。

六四，王用亨於岐山，吉，無咎。（爻變爲「恆卦」（第三十二卦））

周族因受戎狄侵擾而遷居於岐山之下，因此岐山可視爲周族的根據地或故鄉。

在國勢日漸強盛之期，君王能在自己的故鄉受到鄉里父老的愛戴擁護，這是吉祥之兆，絕不會有被眾人唾棄之煩憂。

六五，貞，吉，升階。（爻變爲「井卦」（第四十八卦））

階是「階梯」。

爲人處事能夠固守貞正，這是順應眞理的吉祥，如此必會受到上司賞識而獲升階晉級。

做事認眞積極負責的人，必會受到長官的另眼相待，而獲得提拔升級。

上六，冥升，利於不息之貞。（爻變爲「蠱卦」（第十八卦））

冥是指「深遠的樣子」；息是指「停止」之意。

要想獲得更深遠的晉升，就先要有永遠不止的貞固節操，否則一旦失信於民，就會受到大眾的批判，而不會再有人擁戴，再想晉升就更困難了。

能被萬民尊敬爲英雄、爲賢人聖人、爲神仙活佛、爲救世主，必定要經過好幾世的苦修、積善，方可成就今日之尊崇。

四十七、困卦

【卦名解說】坎下、兌上（䷮）。

困是指「窮困」、「困倦」之意。

上卦爲兌、爲澤，下卦爲坎、爲水，澤水向下流走，則澤乾涸無水，澤內魚蝦受困無法動彈，此象稱之爲「困」。

【管理意義】困而持節。

【卦辭】困，亨，貞，大人吉，無咎。有言不信。

當窮困之時，唯有堅貞節操才能克服困頓使之亨通，這種志節唯有光明正大的才德之士才可做到，才可以確保不因貧賤而敗壞品德。當困頓、名位不顯的時候，說話沒有分量，沒有人聽從他的意見。

【綜卦】「井卦」（第四十八卦）。

【錯卦】「賁卦」（第二十二卦）。

初六，臀困於株木。入於幽谷，三歲不覿。（爻變爲「兌卦」（第五十八卦））

臀是指「臀部」；株是指「無葉的株幹」；幽谷是「昏暗的山谷」；覿是「相見」之意。

受困之初有如坐困在無葉的樹幹之中，沒有樹葉的遮蔽，不得安適。其困境有如進入了昏暗的山谷之中，雖經三年也無法見到解困之援手。

有志難伸，做事也不順利，但是不至於有生命之危險。

九二，困於酒食，朱紱方來，利用亨祀。征凶，無咎。（爻變爲「萃卦」（第四十五卦））

朱紱是「繫綁印環的紅絲繩」。

連酒肉食物的末節小事都已發生困難了，派授官職的命令方才來到，此時應以誠敬之心祈禱，要能正心誠意才可通神。當困頓之時應該謹慎內斂、固守其困，等待上級主動的探求人才，不宜自己前往求取職位，如能安守本份就不會有差錯。

酒食的末節小事都無法照顧了，更談不上遠大的理想和抱負的施展，即使剛剛有了任命職務，但是顯然其基礎力量尚未穩固，不宜貿然躁進，應該仔細觀察局勢，先培養自己本身的能力再作打算。

六三，困於石，據於蒺藜，入於其宮，不見其妻，凶。（爻變為「大過卦」（第二十八卦））

蒺藜是一種「外表有尖刺的植物」；宮是指「房屋」。

受困在石陣之中，坐臥在荊棘之上，回到所居之處，妻子也不在，這種困境就如同被關入了牢獄一般。

為了對抗外來的入侵敵人，每天坐立不安如坐針氈一般，而妻子是自己最貼近的心腹，此時也不見了，是背棄而逃了，或是被敵人所俘虜了，尚未得知，但總之這是非常不祥的徵兆。

九四，來徐徐，困於金車，吝，有終。（爻變為「坎卦」（第二十九卦））

金車是指「金屬製造的車輛」；吝是指「遺憾」；終是指「終於」、「終了」。

由於行動遲緩，不夠積極，因而被困於刀兵、戰車之中，以實力而言，按理不至於此，因此，難免內心遺憾，如果能趁此機會積極振作，最終仍然能夠得以脫困的。

由於優柔寡斷，因而坐失良機，反而受制於敵人，如果能夠「知悔」，還不算太遲，還有機會扳回目前的敗勢。

九五，劓刖。困於赤紱，乃徐有說，利用祭祀。（爻變為「解卦」（第四十卦））

劓是「割掉鼻子」的刑罰；赤紱是指「繫官印的紅繩」，意指朝中各級「官職」；徐是指「慢慢地」。

九五已經位於至尊的君王之位，當其感到煩困之時，想要用劓刖之刑懲治大臣，但是臣下意志堅定，愈用刑愈不屈服，君王反而受困於諸臣的抗議聲中，此時應該慢慢地解說道理，以祭神般的誠意面對問題，則眾人必會接受而配合，如此，無論各種困難都必能得以解脫。

「事緩則圓」，解困之道不可強急硬碰，快刀雖然可以斬亂麻，但是這些也已變成了廢物垃圾，還有什麼用呢？

上六，困於葛藟，於臲卼，日動悔。有悔，征吉。（爻變爲「訟卦」（第六卦））

葛與藟都是「蔓生的植物」；臲卼是「不安的樣子」。

受困於糾纏不清的葛藤之中，終日都是處在動盪不安的情況裡，每天都有懊惱悔事發生。此時如能深深自我檢討，能夠自省錯誤，痛改前非，然後遠遠離開這個是非之地，才是上策。

不要妄想理清糾纏不清的一堆歪理，每個人都有不可對人明言的意見，互相間的利益衝突也無法以正義和道理說服化解，爲了免於困擾日深，唯有放棄一切，跳離開這個是非圈，才是上策。

四十八、井卦

【卦名解說】巽下、坎上（☵☴）。

井是指「做事有秩序條理」，即「井井有條」。

上卦爲坎、爲水，下卦爲巽、爲木。水向下流，木向上長，這是天地間自然的道理，也就形成了大自然的秩序，此種卦象即稱之爲「井」。

【管理意義】秩序制度。

【卦辭】井，改邑不改井，無喪無得，往來井井。汔至，亦未繘井，羸其瓶，凶。

井井是指「井井有條」之意；汔是指「水乾涸」、「幾乎」；繘是指「水湧出來的樣子」；羸是「瘦弱」之意。

井井有條的法令制度即使換到了另一個城邑，也不會更改既有的法令制度，不論人來人往，對於合乎自然的制度法令，不會因爲不同的施政者而有不同的做法。如此，社會的秩序才可能保持得井井有條。如果沒有井井有條的法令制度，就像是井裡的水乾涸，也沒有再掘井使水湧出來，此時拚命地用水瓶汲水，即使把水瓶弄破了也汲不出水來，這種情形會影響人民生計，若不能處理得當，是非常危險的。

【綜卦】「困卦」（第四十七卦）。

【錯卦】「噬嗑卦」（第二十一卦）。

初六，井泥不食，舊井無禽。（爻變爲「需卦」（第五卦））

井底的污泥不可食用，舊井污穢，禽鳥也不會來進食。

陳舊的秩序制度已經不適用於現實的社會，陳舊的秩序制度對於人民也已無所助益，必須要補充、修訂，才可能有益於社會。

九二，井谷射鮒，甕敝漏。（爻變爲「蹇卦」（第三十九卦））

井谷即指「井口與井水之間」；射是「流出」、「噴出」之意；鮒是指「鯽魚」；甕是指

「盛水的陶器」；敝是「破舊」之意。

在井口與井水之間射獵鯽魚，或者是如同用破漏的陶器盛水一樣，都是做不到的事。

九三，井渫不食，為我心惻，可用汲，王明，並受其福。（爻變爲「坎卦」（第二十九卦））

渫是「疏通」、「去污而清」之意；惻是「悲傷」之意；汲是指「自井中汲水」；王明是指「英明的君王」。

井水已經去污而清了，但是民眾還是不肯食用井水，此事令人內心感到悲傷，英明的君王應該主動地去汲取井水，由於君王都用此井水，民眾就無所疑惑地也肯食用此井水，人民受惠，君王因此受到萬民祝福。

這時的秩序制度已經調整，而能眞正地有利於民眾，但是很可惜，空有制度並沒有人去執行這些制度，英明的執政者應該積極地去執行這些制度，使全體人民受惠，君王也因此受到萬民景仰而受惠。

六四，井甃無咎。（爻變爲「大過卦」（第二十八卦））

井甃是指「用磚砌井」之意。

爲了保護「井」的耐用持久，在井壁間用磚砌成保護壁，這樣就不容易使井塌陷，或被破壞。

爲了維護社會秩序制度，要有保障的措施才可以使得令出政行，才能夠使此制度維持長久而不變質。

九五，井冽，寒泉食。（爻變爲「升卦」（第四十六卦））

冽是指「寒冷的樣子」。

井水寒冷，人們無所選擇，祇好食用寒冷的水。

秩序制度非常苛刻、嚴格，則人們長期生活在這種嚴肅、緊張的制度下，必定心生怨憤，容易造成激變，產生社會運動。

上六，井收勿幕，有孚元吉。（爻變爲「巽卦」（第五十七卦））

收是指「收穫」；幕是指「掩蓋」。

當此井發生了功效而又有了收穫時，就不會把井口掩蓋住，應該歡迎大眾都來取用，公告於大眾，使大家都相信井水的甜美，如此才會獲得爲民致福眞正的大功效。

四十九、革卦

【卦名解說】離下、兌上（☲☱）。

革是「改革」之意。

上卦爲兌、爲澤，下卦爲離、爲火。水在上，火在下，火向上燒，把水燒乾，水向下澆，把火澆息，這是水火互相改革之象，故本卦曰「革」。

【管理意義】改革創新。

【卦辭】革，己日乃孚。元亨，利貞，悔亡。

己是指天干的第六位，己日意指「第六日」；孚是「信服」。

創新改革要經過相當的一段日子，才能使得大家信服，要想保持長久的亨通、達變，就要長期地堅守正道才能如願，處事才得順遂，凡事正大光明，萬民普及，才不會有抗爭等等的悔恨之事發生。

創新改革就是要除去傳統的舊辦法，但是由於人的惰性和慣性，通常不易馬上就能適應突然的變革，總要花一點時間來調整適應習慣。

變革的目的是爲公不是爲私，否則即使能欺騙萬民於一時，也終必會發覺，而引起憤怒的抗爭。

【綜卦】「鼎卦」（第五十卦）。

【錯卦】「蒙卦」（第四卦）。

初九，鞏用黃牛之革。（爻變爲「咸卦」（第三十一卦））

鞏是指「鞏固」。

事情剛剛發生，尙無改革之必要和機會，此時不宜躁進，凡事要牢牢地用最結實的黃牛皮綑綁住、鞏固住，不使變質。

在不得已的情況下才想到要創新變革，初到一個新單位或是剛剛才承辦一種業務，最好先穩住，靜下心來，先觀察清楚實際的狀況，然後再決定創新變革的內容和步驟。

六二，已日乃革之，征吉，無咎。（爻變爲「夬卦」（第四十三卦））

己日是指「第六日」，形容要經過一陣子時間的觀察，配合恰當改革的時機，然後實施革新，此時時機成熟水到渠成，變革就必然順利，也不會有所阻礙。

實施革新之前要先佈局妥當，規劃宣導，再三演練檢討，時機一到，準備也已充分，才可推動變革。

九三，征凶，貞厲，革言三就，有孚。（爻變爲「隨卦」（第十七卦））

革言是指改革之言論；三就是「提出三次」之意。

貿然地就推出變革的行動，即使本意良好、出發點是爲了正道，也難免會有錯誤的凶事發生，變革的思想觀念、基本言論要再三地宣導、溝通，然後實施，這樣才會獲得大家的信服和信任。

改變一件已經實施多年的傳統辦法，絕不是一件簡單的事情，不僅外在民眾不能立刻瞭解其中改革的涵義，甚至本身承辦人員也必須要多次的講解演練，才會前後、上下一致，這時的變革才會有實效，執行才會順利不出差錯。

九四，悔亡，有孚，改命，吉。（爻變爲「既濟卦」（第六十三卦））

改命是指「改革政事命令」。

爲了順應潮流、配合時勢而進行的變革，就不會有所爭議而後悔，就必能廣泛獲得萬民的信賴，爲了必要，即使對於上級的政事命令也都順應而變革，如此，變革之舉才易推行成功。

變革的目的是爲了大眾的福祉，爲了達成既定的目標，無論什麼阻礙都要設法消除，甚至對於上級頒布的命令，如果有礙於變革，也要建議更改，如此才能得到大眾的信服。

九五，大人虎變，未占有孚。（爻變爲「豐卦」（第五十五卦））

九五陽剛位至尊之位，即爲大人。

虎皮色澤斑爛，虎變是形容變革之後的「文彩絢麗」、「煥然一新」；未占是說「不待占卜」。

進行變革時，有德之君子領導的變革有若虎皮般的斑斕，文彩彪炳而顯耀，不必占卜或調查民意就可知道萬民必定都會信服而肯配合執行。

實施變革最好要有一位道德和操守良好的君子帶領改革，如此才會使得大眾自然而然地相信他的變革意見，平凡人的變革恐怕不容易爲大眾所信服。

上六，君子豹變，小人革面，征凶，居貞吉。（爻變爲「同人卦」（第十三卦））

豹性喜棲息隱密的樹上，其皮毛光彩絢麗；革面是指「表面上的變革」。

變革之終，君子已經默默地遵循變革之道，重新修其德性，其表現在外的成就，如豹紋般華麗顯著，而小人則不易眞正從內心變革，改變的祇是表面上的服從而已。變革已告一個段落，由於變革期間已經多有不便，危厲隨時會發生，茲後不宜再做變革，最好能固守正道，平穩地推行政事才是萬民之福。

不要把變革當作爭奪權力的手段，固然萬不得已時的變革是有必要的，但是不宜過度頻繁，以免民眾無所適從，影響人民生活的幸福。

五十、鼎卦

【卦名解說】巽下、離上（☲☴）。

鼎是古時「煮食的器具」，也是形容「盛大」的樣子，或比喻「王位」、「帝業」。上卦爲離、爲火，下卦爲巽，爲木。以木燃火以爲烹食，這是鼎的作用；又，一國之君所散發出的火焰光芒，正是在下的萬民以其本身的燃燒得以致之，這是君王的領導現象。因而，本卦稱之爲「鼎」。

【管理意義】調和整頓。

【卦辭】鼎，元吉，亨。

把生冷的食物、堅硬不能咬的食物放入鼎中，經過調理、烹飪，就能煮成熟美可口的食物。如同千頭萬緒雜亂無章的政務、群雄割據獨霸一方、土豪劣紳魚肉百姓，這些麻煩事如能經過國家元首之指揮調度，統整各級官員，維持地方治安，管理國家政務，便能使萬民生活幸福。主導國家政權、爲民謀求福祉的人，其作用和「鼎」有相同的意義。

【綜卦】「革卦」（第四十九卦）。

【錯卦】「屯卦」（第三卦）。

初六，鼎顛趾，利出否，得妾以其子，無咎。（爻變爲「大有卦」（第十四卦））

顛是指「顛倒」、「倒下」；趾是指「腳」；利是指「利益」；出是指「產生」；否是指

「不好的東西」、「污穢之物」。

鼎被推倒了，鼎內留藏的污穢就容易清理出來，原來在下的鼎趾由於鼎之顚倒，反而在上面了，這就像是卑下的妾移居正室，本來還是不合體制的，但是因爲妾室生了兒子，得以傳宗接代，母以子貴，因而就不算是有錯。

國家原有的領導政權被推翻了，原來在下位的人獲得了政權，登上了高枝，如果由於新政權能帶給全國人民更好的福祉，這種爭奪就不算是對萬民有罪的竊國。

九二，鼎有實，我仇有疾，不我能即，吉。（爻變爲「旅卦」（第五十六卦））

有實是指「實物」、「有實權」；仇是指「匹配」；不是指「不應該」；即是指「靠近」之意。

掌握實權的領導者要認明自己的配偶，如果不是很健康正常的人，自己不應該過份的親近、信任，這樣就不會受到污染或影響，就不會有誤國事。

政權的領導人不僅不要過份信任自己的配偶，甚至於其他的親朋也要謹慎往來，以免外戚干政。

九三，鼎耳革，其行塞，雉膏不食。方雨虧悔，終吉。（爻變爲「未濟卦」（第六十四卦））

鼎耳是「鼎之兩端」，挪動鼎時，必提其耳而行；革是指「變革」；塞是指「阻塞」、「遏止」；雉是指「山雞」，是指「美味」；膏是指「油膏」、「油脂」；方是「正在」、「正當」之意；虧悔是「虧欠懊悔」。

當權的領導人如果其耳目遭到變革而受損，則其行動就不能如常地自由生活，就像是有美味的山雞也無法享用一樣。當他面臨需要水的滋潤時，方才想到雨水的功用，此時悔恨未能及早修理水利，雖然不是好現象，但是祇要已經知道懊悔了，祇要肯悔悟，仍然還是來得及的。

領導者不能受惑於眼睛所見到的事，否則視野不彰，信息不通，就無法得知利弊得失，此時即使有最好的機會，也不得體諒而把握住的。

九四，鼎折足，覆公餗，其形渥，凶。（爻變為「蠱卦」（第十八卦））

折是「折斷」；覆是「翻覆」；公是對於大人物的尊稱；餗是指「鼎中的美味食物」；渥是形容被濃厚的東西塗抹。

鼎的足折斷了，把鼎內大人物的美食傾倒了出來，而且還潑濕了大人全身，不僅沒有了食物，而且其形態狼狽難堪，這是凶險的徵兆。

掌權的領導者喪折了主要的依賴幹部，損失了既有的權勢和利益，而且還弄得聲名狼藉，這時要加倍小心，以後喪失的可能還不祇是利益，可能還會有更激烈的折足。

六五，鼎黃耳，金鉉，利貞。（爻變為「姤卦」（第四十四卦））

黃耳指「黃金打造的鼎耳」；鉉是「貫耳扛鼎的器具」。

用黃金打造的鼎耳和鉉已經十分的牢靠穩固，但是仍然要堅守正道，不要傾晃移動，才不會造成翻覆。

英明的君主有了能幹牢靠的幹部，還要自身保持不輕易動搖的政策，才能使大眾知所遵循，不致迷失而混亂。

上九，鼎玉鉉，大吉，無不利。（爻變爲「恆卦」（第三十二卦））

白玉製成的鼎鉉，潔白晶瑩，觀者賞心悅目，內心順暢，處事也必亨通順利。

爲君王建功立業的幹部們如果都能潔身自好，奉公守法，潔身如玉，如此的政體領導必能使萬民折服，不會再因不滿而有所抗爭。

五十一、震卦

【卦名解說】震下、震上（☳☳）。

震是指「威震」、「震撼」之意。

上卦爲震、爲雷、爲動，下卦也爲震、爲雷、爲動。上下皆震，雷動震天，因而此卦曰「震」。

【管理意義】威震嚴肅。

【卦辭】震，亨。震來虩虩，笑言啞啞。震驚百里，不喪匕鬯。

虩虩是形容恐慌的樣子；啞啞是形容笑聲；百里是指「全國」；匕是指「湯匙」；鬯是古時「祭祀用的香酒」。

做人做事要有威嚴，才能服眾，做事才能亨通。

當此威嚴之人出現時，眾人都是誠惶誠恐的服侍，威嚴之作用，是使眾人皆能嚴肅一致，使眾人信服，使惡人銷聲匿跡，百姓生活安全幸福，茲後眾人的笑聲、語聲才可遍佈四處。當面臨危急之事，會使得全國震驚，但是驚恐之後要能極力保持鎮定，一切運作如常，即使祭祀宗廟的匕鬯獻禮，也不可絲毫受到變動影響。

【綜卦】「艮卦」（第五十二卦）。

【錯卦】「巽卦」（第五十七卦）。

初九，震來虩虩，後笑言啞啞，吉。（爻變為「豫卦」（第十六卦））

君王的威嚴初現，使好人感到嚴肅恐懼，也感到有安全感，有威服眾人的向心力；使小人畏懼不敢為非作歹，萬民的生活因而幸福平安。由於威嚴的信服力所帶來的是人們的生活樂利，因而民眾們不由得笑了，這種威嚴是具有正向的意義。

威嚴是指權威和嚴肅能有效認真地為大眾的利益而實施種種措施，使眾人無法不服從，因此眾人力量集中，就能發揮最大的工作效力。

六二，震來厲。億喪貝，躋於九陵，勿逐，七日得。（爻變為「歸妹卦」（第五十四卦））

厲是指「嚴厲」；億是指「臆度」、「推測」；貝是指「財貨」、「錢幣」：躋是「升」、「登」之意；九陵是指「深山丘陵」。

當有威嚴的領導者領導天下時，一切制度都嚴格執行，不准為非作歹，此時，大家都因恐懼而胡亂猜測，可能會喪失很多的財貨，對於這種嚴格的制度非常不喜歡，因而躲避進入了深山峻嶺，對於這些人不必去追趕他們，過了一陣子，當他們感受到了嚴格執行制度的好處時，就會自動地回來了。

嚴格地執行制度，在剛開始時都還覺察不出有什麼好處，但是日子久了，大家能親身體驗到未能嚴格執行制度的弊端時，就會巴望嚴格執行制度。

六三，震蘇蘇，震行無眚。（爻變爲「豐卦」（第五十五卦））

蘇是指「復甦」、「甦醒」；眚是指「過錯」。

嚴格的行事可使一些終日昏沉的人得以警覺而積極從事，這種由於施政的嚴格所造成的驚悚、緊張，對於處理事務不僅沒有害處，反而還有一種推動的效力。

要有效率，就要嚴格執行，但是由於認眞，難免給人的印象是嚴苛。對於個性不積極的人，嚴格又是一種有效的刺激振奮劑。

九四，震遂泥。（爻變爲「復卦」（第二十四卦））

遂是指「於是」：泥是指「固執不變」

領導者長保威嚴之勢，就能使部屬認眞而積極的工作態度長久不變。

威嚴的感受是由內而外，長久地受到領導者威嚴的薰陶，由內心就以自然地產生了積極勤懇的做事態度。

六五，震往來厲，憶無喪有事。（爻變爲「隨卦」（第十七卦））

憶是指「臆測」。

當領導者之威嚴至極，由於缺乏溝通，缺乏溫和性，可能引起民眾的反彈抗拒，這將是非常危險的情況，但是在推測未來的演變情況，相信大眾祇是不喜歡領導者拒人千里的外表，祇要領導者仍能保持正道，就不至於有太大的損失或不利。

「我很醜，但是我很溫柔。」日子久了，祇要是眞心眞意地爲了全民的幸福，相信大家都會慢慢地適應威嚴的外表，也能體會陽剛表面下的溫柔。

上六，震索索，視矍矍，征凶。震不於其躬，於其鄰，無咎，婚媾有言。（爻變爲「噬嗑卦」（第二十一卦））

索索是指「內心不安的樣子」；矍矍是指「左右驚視」；躬是指「本身」；鄰是指「鄰居」；婚媾是指「親戚」；言是指「談論」。

當威嚴的領導者內心已經感到不安，眼光不免流露出驚恐的目光，這時已失去平時的鎭定與機警，對外圖謀大事不僅不會順利，可能還會有害。此時，其本身對於自己的威嚴已喪失信心，雖然鄰人還是對他保持著敬畏的態度，但是再親近一些的親戚、眷屬，早已覺察出領導者的精神已經退化了，不免有一些疑慮而私下議論著。

五十二、艮卦

【卦名解說】艮下、艮上（☶☶）。

艮是「停止」之意，有「限制」、「約束」的意味。

上卦、下卦皆爲艮、爲山，所謂不動如山，山的形象是「不動的」，上下卦皆爲不動，是

「停止」的至極，故本卦曰「艮」。

【管理意義】該止當止。

【卦辭】艮，艮其背，不獲其身。行其庭，不見其人。無咎。

背是指「背後」，背後是指見不著的地方。對於所斷、欲絕之事物，眼睛看不見問題的本身，就不會受到問題的影響而亂了心志。這就像是走近到了庭院，雖然有人在背後，但是仍然未能眼見，就不會互相影響，也就不會產生相互嫌惡的情形。如果認爲「酒」、「色」會影響身體健康，迷亂心志，就不要接觸酒與色，不要流連聲色場所，就不至於忘情而酗酒。各種考試的試卷以彌封號碼、姓名方式，就是怕影響閱卷老師，在不知是何人考卷的情況下，即使閱卷分數有高低不同，也不會責怪閱卷老師，是否因人而生歧見，評分有所偏差。

【綜卦】「震卦」（第五十一卦）。

【錯卦】「兌卦」（第五十八卦）。

初六，艮其趾，無咎，利永貞。（爻變爲「賁卦」（第二十二卦））

趾是指「腳趾」。

事業剛剛開始，就應該停止並約束本身的行動，不要任所欲爲，就不會招惹禍災，就能長保堅貞正道。

凡事三思而後行準備妥當之後再開始進行，沒有萬全的把握之前千萬要控制情緒，不要太莽撞。

六二，艮其腓，不拯其隨，其心不快。（爻變爲「蠱卦」（第十八卦））

腓是指「小腿肚」；拯是指「拯救」；隨是「跟隨」；不快是指「不高興」之意。

限制、約束了行動的力量中心，即使如此的謹愼，也難免還會發生意外，由於這些意外都是無法補救，也都是不能解救的行動，發生了這種情形當然會使大家都不愉快。

緊緊地看守每一個部屬的一舉一動，可以說已經掌握全部行動方向，但是如果出了差錯，領導者卻不能出面承擔責任，也不會爲部屬的福利、前途設想，這是會令人心生離異的現象。

九三，艮其限，列其夤，厲薰心。（爻變爲「剝卦」（第二十三卦））

限是指「限度」；列是指「臚列」、「排列」；夤是指「攀附求進」；薰是「薰染」之意。

對於約束和限制應該有所限度，應該以鼓勵的方式把未來的前途攤出來，激勵和薰陶大家的進取心。

多鼓勵少責罵，事先把規則制度確立清楚之後，就不要再多加干預，儘量放手去做，才會有所突破發揮。

六四，艮其身，無咎。（爻變爲「旅卦」（第五十六卦））

對於自己本身的約束要求得很嚴格，這是修身養性的自我磨練，不會因此造成任何困擾。

做事要量力而行，不做沒把握之事，也不做衝動難收拾的事，要求別人之前能先要求自己，才會使人心服。

六五，艮其輔，言有序，悔亡。（爻變爲「漸卦」（第五十三卦））

輔是指「輔助」；言是指「評論」、「敘述」；序是指「次序」、「順序」。

對於輔助、幫忙的朋友或助手，也要給予一些約束，要求大家的言論必須要有序、合理，這樣才不會干擾本身施政、做事的理念和原則，就不至於因而產生誤會的恨事。

有些人的助手並不十分明瞭主官的意圖，往往憑著他個人的臆測，有時候胡亂發言、信口開河，不僅沒有幫助主官解決問題，反而造成莫大的傷害，這種助理要嚴格限制他的言論和行動。

上九，敦艮，吉。（爻變爲「謙卦」（第十五卦））

敦是指「敦厚篤實」。

對於應該限制的行爲，就要有所約束，這種人看起來很嚴厲，但是內心的出發點絕對是敦厚、善良的，因爲這樣做的確是爲了整體的效益。

父母管教子女，不准子女做某些事，限制他們的行動自由，這一切都是爲了子女好的「善意」，所以不應該有子女由於被管教而懷恨父母。

五十三、漸卦

【卦名解說】艮下、巽上（䷴）。

漸是「漸進」之意。

上卦爲巽、爲木，下卦爲艮、爲山。樹木在山上，所以能顯得高大，但是這種成長現象也是由一株小樹苗而漸漸地長成了大樹，這種景象稱之曰「漸」。

【管理意義】循序漸進。

【卦辭】漸，女歸吉，利貞。

歸是指女子有所「歸屬」，女子「出嫁」。

凡事要求循序漸進，不要急躁，不僅應該按照禮俗規定一步一步地進行，才算是合乎禮節，而且進行的過程中還要光明正大，絕不是偷偷摸摸的，才會有利於日後婚姻生活。

【綜卦】「歸妹卦」（第五十四卦）。

【錯卦】「歸妹卦」（第五十四卦）。

初六，鴻漸於干，小子厲，有言，無咎。（爻變爲「家人卦」（第三十七卦））

鴻是指「鴻雁」；干是指「江干」、「水邊」之意。

鴻雁在天空飛行時，一隻接著一隻，排列有序，降落在河邊。循序漸進就應該很有條理地逐步進行，剛踏入社會的年輕人對於這種循序漸進常會感到不耐煩，都想危厲地破壞這種漸進的方式，甚至也有出言毀謗之情事發生。遇到這些抗爭不必慌亂，處事仍然要能保持「按照既定的程序」辦事，如此就不會發生處理不當的錯誤。

循序漸進，不僅是在時間上要有先後秩序，在事務的處理方面也要有先後的順序。單純的問題有的時候似乎可以不用按順序進行，但是愈複雜的問題，如果不按照既定的、已經協調過的程序進行，就會和其他的事務產生衝突。

六二，鴻漸於磐。飲食衎衎，吉。（爻變爲「巽卦」（第五十七卦））

磐是指「巨大的岩石」，是指「穩固」、「安定」之意；衎是「高興、快樂的樣子」。

當鴻雁很有次序地降落，初時覓食於水邊，還會有些騷動、不安，漸漸地穩住了亂象，進至了磐石之安，眾雁愉悅地吃喝著食物，顯現出一片祥和之態。

進入社會想要爭取一席之地，剛開始的時候還沒有理出頭緒，還沒有弄清方向，難免會感到不安穩，而產生了各種情緒上的變化，但是祇要保持沉穩，把握住穩紮穩打的原則，終於就會找到穩固的立基和前進的方向。

九三，鴻漸於陸，夫征不復，婦孕不育，凶，利禦寇。（爻變爲「觀卦」（第二十卦））

陸是指「陸地」；夫是指「丈夫」；寇是指「賊寇」。

當鴻雁循序漸進，由江邊漸漸地進入了無水的陸地，這個選擇方向是錯誤的，因爲雁性不適於內陸，這種配合會有危險，就像丈夫出征，遇險回不來了；又由於結合不正，婦人有孕不敢見人，而不能生育、養育，這都是很凶惡的情況。此時不宜再貿然前進，應該先採取守勢，找出入侵的惡勢力，先對付這些入侵者才是首要之務。

進入了社會，想要尋找出人頭地的前途，如果把握錯了方向，即使亦步亦趨地前進，也怕會迷失在無際的危難之中，萬一不幸失足至此，千萬要謹愼沉著，先把外敵排除，再談未來前途。

六四，鴻漸於木，或得其桷，無咎。（爻變爲「遯卦」（第三十三卦））

木是指「樹木」；桷是指方形的「屋椽」。

鴻雁飛行得累了，一隻接一隻地降落於樹木之上，但是，也許有時爲了臨時的棲息，而降落在房子的屋椽上，這祇是爲了暫時的歇腳，不會長期居留此處，這是無可厚非，不會有什麼錯誤的。

如果偶爾爲了行事的方便而涉足於聲色之所，祇要是內心保持正確的行事方向，不要迷失了自己，也還不至於有太大的罪惡。

九五，鴻漸於陵。婦三歲不孕，終莫之勝，吉。（爻變爲「艮卦」（第五十二卦））

陵是指「山陵」，意指「更大的險阻」；終是「終歸」、「終於」之意。

當鴻雁依序一隻一隻地降落於高山險阻的丘陵地，由於環境不明又難集中聲援，就像是妻子三年都無法懷孕一樣，但是不必就此洩氣，祇要能再堅持正道，邪終必不能勝正，仍然還會找到前途的出路。

在進取的過程中不會永遠一帆風順，有時也難免如同鴻雁落入深山之中，會迷失了方向和相互的聯絡，此時祇要能不氣餒，即使是荒亂的山陵，也終於可以清理出明確的光明前途。

上九，鴻漸於逵，其羽可用為儀，吉。（爻變爲「蹇卦」（第三十九卦））

逵是指「通達大道」；羽是指「羽毛」；儀是指「儀容」、「儀表」、「準則」。

當鴻雁很有秩序地停落在一條寬廣的大道上，由於降落有序、排列整齊，鴻雁的潔淨羽毛給予人們的啓示，是要效法守禮有序、循序漸進、不爭不搶的處世精神，這種宣示的意義是具有正面效果的。

循序漸進的最高意義在於對於他人的啓發，政治家、企業家、宗教家、教育家……細數這些人的行事，莫不都是一點一滴累積著平日的努力，才會產生了最後令人欽佩的成就。

五十四、歸妹卦

【卦名解說】兌下、震上（☳☱）。

歸是指「女子出嫁」之意；妹是指「少女」；歸妹是指「少女出嫁」。

本卦之上卦爲震、爲動、爲長男，下卦爲兌、爲悅、爲少女。男子心動而少女喜悅，這是男子求婚、少女出嫁之象，故本卦曰「歸妹」。

【管理意義】兩情相悅。

【卦辭】歸妹，征凶，無攸利。

男子心動、少女喜悅就是少女出嫁之象，如果這種婚姻不是出於自然的兩情相悅，而是以不正當的征討強迫方式，就會因爲勉強造成情海生波，甚至於殉情的凶險事件，這種結局無論對誰都不會有好處的。

【綜卦】「漸卦」（第五十三卦）。

【錯卦】「漸卦」（第五十三卦）。

初九，歸妹以娣，跛能履，征吉。（爻變爲「解卦」（第四十卦））

娣是指「娣姪」，吉時隨嫁的侍女，亦即「妾室」之意。

以「娣」的身分隨同出嫁，雖然不是正室，而是爲人的妾室，其地位卑下，但是祇要能夠具有剛貞之德，深明大意，也能協助正室共同維護家庭之和諧；就像是腳跛的人雖然走路姿勢並不正常，但是仍然可以行進，仍然可以有效地解決很多家庭中的困難問題。

很多人的副手都拿捏不好自己的身分，不知道自己的功能何在，甚至有人自怨自艾以「冷宮怨婦」自比，其實他們應該放開胸懷，能夠協助主管有所表現也是他的工作成就。

九二，眇能視，利幽人之貞。（爻變爲「震卦」（第五十一卦））

眇是指「瞎了一隻眼」；幽人是指「隱士」、「見識深遠之人」。對待婚嫁之事要睜一隻眼閉一隻眼，不要過份計較，這是見識深遠之人，沉穩、不急躁的堅貞之道。

婚姻生活難免有不如意的瑣事，如果很在意的話，永遠也沒有辦法理出頭緒，尤其是其中包含了許多情緒上的意氣之爭，不能太認眞其事，能模糊從事是最適當的解決方法。

六三，歸妹以須，反歸以娣。（爻變爲「大壯卦」（第三十四卦））

須是「等待」之意；反是指「反而」。

女子的條件如果不是很好，沒有男子願意迎娶爲正室，則婚期遙遙無期，最後此女子反而以妾室「娣」的身分才得陪嫁出去。

在社會謀職的情形也是如此，本身條件不高，而又想找個好的職位，如此一拖再延，最後可能被迫接受原先不想接受的最低微的差事。

九四，歸妹衍期，遲歸有時。（爻變爲「臨卦」（第十九卦））

衍期是指「錯過了日期」；遲是「晚」的意思，有時是指「有機會」。

女子條件很好，但是爲了選擇理想的佳偶，因而錯過了婚嫁之期，但是不必介意，婚期即使晚了一些日子，終於還是有機會的。

本身條件很好的人即使一時尚未找到理想的工作，不必焦急，慢慢地再找，終於會找到自己理想的工作。

六五，帝乙歸妹，其君之袂，不如其娣之袂良。月幾望，吉。（爻變爲「兌卦」（第五十八卦））

帝乙原指紂王之父，現今比喻爲「帝王」；袂是指「衣袖」；良是指「良好」；月幾望是說「月亮接近滿月的時候」。

帝王的女兒出嫁，她的服飾衣袖還不如陪嫁「娣」的衣袖美，或是說帝王女兒的品德氣質不一定比「娣」高貴。帝王之女容易驕傲使性子，要想獲得好人緣，最好就像是近於十五的月亮，保持謙虛而不自滿，這樣才能保持婚姻生活的美滿。

大官的子女不一定才能出眾，要獲得大眾的信服就要比一般人更要表現得謙虛，甚至於刻意委屈自己的本意也是必要的。

上六，女承筐無實，士刲羊無血，無攸利。（爻變爲「睽卦」（第三十八卦））

承筐是指「捧著竹筐」之意；無實是說「沒有充實」、「不誠實」；士是指「男子」；刲是「切割」之意。

舉行婚嫁，女子所捧的筐中沒有足夠的嫁妝，顯示女方家境貧寒，或是女方的品德不夠充實，而男方宰羊無血，表示男方沒有日常生活的能力，或是表示陽氣、經血不足，身體不健康，如此的婚配前途將沒有好的結果。

求職的人沒有眞才實學，而創業的公司缺乏資金和完善的規劃，這種事業的前途必然不會長久。

五十五、豐卦

【卦名解說】離下、震上（☲☳）。

豐是「豐收」、「盛大」的意思。

上卦爲震、爲動、爲雷，下卦爲離、爲光明、爲電。雷電交作，轟轟隆隆再加上明亮閃耀，其聲勢顯赫，此爲盛大涵蓋、物足豐收、前景光耀的樣子，故本卦曰「豐」。

【管理意義】欣欣向榮。

【卦辭】豐，亨，王假之，勿憂，宜日中。

人物富庶豐盛，則處理事務必定事半而功倍，這些都是藉助君王的仁政而有此成效，處事如果能以至明的大道行之，則能長久普照，而不必憂慮會有沒落的一天。

【綜卦】「旅卦」（第五十六卦）。

【錯卦】「渙卦」（第五十九卦）。

初九，遇其配主，雖旬無咎，往有尚。（爻變爲「小過卦」（第六十二卦））

旬是「十日」，意指「長時期」。

初九與九四爲相應，爲陽應陽，剛應剛，明與動正是足以相配，唯有配合與時而動的賢能之人才是有資格的領袖。有才幹的人雖然可能需要等待較長的時期才能找到賞識的配主，但是這也不爲過錯，因爲明主求才若渴，前往投奔之人祇要機會到了必能受到尊崇和禮遇。

良禽擇木而棲，英雄擇主而侍。如果不是能夠相互彰顯的人，不必急著去投奔，要耐心等待，必能盼到賞識的領袖而獲重用。

六二，豐其蔀，日中見斗，往得疑疾，有孚發若，吉。（爻變爲「大壯卦」（第三十四卦））

蔀是指「障掩遮蔽之物」；斗是指「北斗星」；疑疾是「猜忌之病」；發是指「使開通」之意。

把豐盛的財富、實力隱藏起來，如同在白日觀察北斗七星無法得見一樣。因爲如果貿然投奔昏庸之主，必被猜忌而受害，此時最好先以誠信啓發使之頓悟開通，如此才可能獲得信任而受器重。

「匹夫無罪，懷璧其罪。」太有才幹的人容易被上司嫉妒而懷恨，應該儘量放低姿態，多做事、少說話，以實幹、苦幹打動人心。

九三，豐其沛，日中見沫。折其右肱，無咎。（爻變爲「震卦」（第五十一卦））

沛是指「充沛」、「盛大」；沫是指「微暗」之意。

以豐盛的財富能把事業充沛地發展成長起來，如同在白天也能夠使人看得清楚微暗和不明顯的動作。這種形勢顯示著發展太快，應該收斂一些，譬如像是自折一條右臂，減少一點表現的動力，如此才可免於招嫉，衝勢太過就容易招惹災禍。

「大智若愚。」平日要儘量收斂，不要表現出太多的才華，以免受人嫉妒而遭禍害。

九四，豐其蔀，日中見斗。遇其夷主，吉。（爻變爲「明夷卦」（第三十六卦））

夷是「平等」之意。

將豐富的實力隱藏收斂起來，就好像白天觀看北斗七星一樣，是看不到的。此時若能遇到以平等相待的明主，他必會以禮相待，彼此之間就能夠相輔相成，本身的志向就得以發揮，事業也能開展。

能力超強的老闆對於平凡的部屬看不上眼，而不太重視他們的意見；能力弱而有疑嫉心的老闆又會嫉妒部屬的才能，唯有需要你、而其本身的能力也不差又能具備慧眼的老闆，才會以平常心接納意見，如此環境下的事業才會順利。

六五，來章，有慶譽，吉。（爻變爲「革卦」（第四十九卦））

來是「招徠」之意；章是「彰顯」。

效命主人時，一直隱藏著實力，不致招搖受嫉，若是長期的謙遜、虛懷若谷，遇到明主也會賞識而稱讚，這時可以有志一同共襄大業，事業因而有成就，會帶來大家慶幸的美譽，如此之景象，是吾人極力渴望所追求的。

有才能的人不必刻意張揚，從他平日的待人接物就能看出他的樸實和平易近人，由於大家都願意和他接近，幫助他的人就多，做事就能事半功倍，更比一般人容易達成任務。

上六，豐其屋，蔀其家，闚其户，闃其無人，三歲不覿，凶。（爻變爲「離卦」（第三十卦））

闚同「窺」；闃是形容「寂靜」之意；覿是「兩人見面」之意。

屋內有豐富之財物卻隱而不見，偷窺其家，靜悄悄的沒有人來往的聲音，甚至三年之久都沒有人前來拜望，足見此一家境已經開始敗落，這是事業已經開始蕭條的現象。

五十六、旅卦

【卦名解說】艮下、離上（☲☶）。

旅是指「旅行」、「旅客」、「過往暫住」的意思。

上卦爲離、爲火，跳躍不止，下卦爲山、爲止，猶如安定的旅舍。躍動不止的過客遇上了安定的旅舍就會暫住，這是行旅的現象，故本卦爲「旅」。

【管理意義】行旅宜正。

【卦辭】旅，小亨，旅貞吉。

行旅途中，食宿都將隨遇而安，無所挑剔。不可能要求太舒服、享受，因而爲小亨。

出門在外要時時留意自己不要冒犯了他鄉的習俗，不要招惹爭端，要能堅守正道，才不致多招是非，才可長保吉祥順利。

【綜卦】「豐卦」（第五十五卦）。

【錯卦】「節卦」（第六十卦）。

初六，旅瑣瑣，斯其所取災。（爻變爲「離卦」（第三十卦））

瑣瑣係指「瑣碎」、「雜亂」之意。

行旅之中經常會面臨一些繁瑣的雜事，稍微不愼、處理不當，就是招惹災禍的來由，儘量減少出門就會減少惹禍的機會，如果必須要出門，就要有心理準備，因爲免不了會增加一些是非爭吵的災禍。

競選期間就免不了有挑釁的現象發生，執事者事先要有萬全的準備，以免招惹災禍。

六二，旅即次，懷其資，得童僕，貞。（爻變爲「鼎卦」（第五十卦））

次是指「處所」、「地方」。

行旅途中，居留於旅社，如果隨身攜帶著的財物能有忠貞的童僕保管、看守，才會安全、貞固。

當面臨的都是一些陌生人，無法得窺對方究竟什麼意圖，此時最需要一些靠得住、忠心不二的部屬，如果能有這種部屬的效力，至少不必再分心擔憂內部的家務事，可以放手全力應付外面的環境，各組政黨仔細挑選、培養忠貞幹部作爲保衛資財政策的基本班底。

九三，旅焚其次，喪其童僕，貞厲。（爻變爲「晉卦」（第三十五卦））

旅途之中如果不能時時謹愼留意，疏忽忘記了不要惹火上身，一旦怒火失控而焚毀了所居住的旅社，甚至燒死了或嚇跑了忠貞的部屬、僕人，這是招致日後危厲的禍根。

九四，旅於處，得其資斧，我心不快。（爻變為「艮卦」（第五十二卦））

資斧是指「資助」。

行旅期間，前途茫茫路途尚遠，何時才可以停止這種漂泊生涯尚未得知，此時雖然有人由於同情而出錢資助，內心仍然不會因此而安然放心。

九五，射雉。一矢亡，終以譽命。（爻變為「遯卦」（第三十三卦））

雉為「野雞」之意。

彎弓射獵野雞，一箭就能射中，免不了就會得到大家的稱讚和激賞。

上九，鳥焚其巢，旅人先笑而後嚎啕。喪牛於易，凶。（爻變為「小過卦」（第六十二卦））

鳥巢被火焚燒，過路的旅人起初是輕佻的哈哈大笑，而後他們馬上就會警覺到了，自己也正是處於飄搖之旅途中，就像一隻小鳥一樣，居住在簡陋的鳥巢，沒有固定的安身之處，早晚恐怕也要遭到焚毀之命運，因而又嚎啕大哭了。雙方交易過程中如果把牛失掉了，失去了牛就等於失去了種田的根本，以後的日子怎麼過呢？這是非常凶險的徵兆。

五十七、巽卦

【卦名解說】巽下、巽上（䷸）。

巽是「順從」、「謙遜」之意。

本卦之上卦、下卦皆為巽，巽為風，風吹萬物皆都通順而過，這是「順」之象，故本卦曰

「巽」。

【管理意義】謙讓恭順。

【卦辭】巽，小亨，利有攸往，利見大人。

以謙讓之態度待人接物，雖然不如陽剛的氣勢雄偉，能夠承擔大任，但是也有利於一般事務的進行。然而，謙讓之德畢竟不足以領導國家大事，想要成就大，還得有一位具領袖氣質的偉人帶頭領導，才利於事業之遂行。

謙遜雖然是美德、是必要條件，但卻不是大企業的充分條件，還要再加上積極果斷等特質，才足以成就大事業。

【綜卦】「兌卦」（第五十八卦）。

【錯卦】「震卦」（第五十一卦）。

初六，進退，利武人之貞。（爻變爲「小畜卦」（第九卦））

巽爲順從，但是顯得卑弱不振，意志不夠堅強，因此，進或退，要能勇武、剛貞、果斷，才不至於遇事拿不定主意。

完全順從命令的人固然很容易差遣去做事，但是這種聽命令已經習慣了，平日缺乏了獨立思考的能力，一旦沒有命令指揮時就會慌亂了步驟，這種人不能成大器。

九二，巽在床下，用史巫紛若，吉，無咎。（爻變爲「漸卦」（第五十三卦））

史是古代「祭祀之官」；巫是指「巫師」；紛若是指「眾多的樣子」。

謙遜順從，退讓到了臥榻床下，對於對方極盡恭敬，如同拜神明一般的再三禮敬，祗要是出自內心的誠意，沒有虛僞，就不會造成卑劣的爭執糾紛。

如果是打內心裡的尊敬，即使對方有一些瑕疵，自動就會消除而原諒對方，如果祗是虛假的謙讓，一旦有機可乘時，免不了會有報復的行爲。

九三，頻巽，吝。（爻變爲「渙卦」（第五十九卦））

頻是指「屢次」；吝是指「羞辱」。

屢次被迫謙恭退讓，這會使性格剛強之人感到了羞辱難堪。

見好即收，不應該過份逼人，以免在過份羞辱之下，說不一定會有狗急跳牆的報復事件發生。

六四，悔亡，田獲三品。（爻變爲「姤卦」（第四十四卦））

悔亡是指「沒有災悔」；田是指「田獵」；三邑是指「上、中、下三種等級」。

謙恭退讓可以免生無謂的災禍，但是謙遜之做法也要分上、中、下三種不同層次的高明程度。

談判的基礎就在於肯讓步，高明的讓步產生了高明的談判效果。

九五，貞吉，悔亡，無不利，無初有終。先庚三日，後庚三日，吉。（爻變爲「蠱卦」（第十八卦））

無初是指「沒有起初」；庚是比喻「呼籲求助」之意。

要求大眾順從命令時，其須布之內容應當大公無私，如此就自然會得到人民的信仰，沒有人會因而後悔懊惱，行事前途也必定非常順利。當命令初頒之時，百姓們並未完全信任，或許還有反對不順從之人，因爲這是「巽」之作用尚未正式開始，但是日子久了，大家漸漸地瞭解了，也感覺到這是非常好的政令，人人都願意服從了，因此就有了順從的結果。當新令頒布之前，先要公告昭示三天，徵求大眾的意見，頒布之後也再昭告三天，勸導大家遵守法令，這樣就不會有所誤會，執行也會順暢，

社會的人數愈多，愈趨複雜，每個人的想法形形色色並無一致，很難在短時間之內使大家的觀念趨於一致，因而要有三天的宣告期，用以集中大家共同的意見。

上九，巽在床下，喪其資斧，貞凶。（爻變爲「井卦」（第四十八卦））

資斧是指「資助」。

被迫退讓到了睡覺生存的床下，已無退路再讓，甚至連賴以生存的工具都被迫失去了，此時已無尊嚴和立場，即使還想要堅守貞道，然而凶險已經至此，就沒有生路了。

謙讓要有一定的限度，不惹事，但是不必怕事，別人已經欺凌到家了，已經不給生路了，難道還要再退讓嗎？

五十八、兌卦

【卦名解說】兌下、兌上（☱☱）。

兌是「喜悅」之意。

本卦之上卦、下卦皆爲兌，爲喜悅；又，上、下卦皆爲陰柔之爻，位在陽剛之爻的上方，這是外柔內剛、喜悅之象，故本卦曰「兌」。

【管理意義】喜悅歡欣。

【卦辭】兌，亨，利貞。

以喜悅之心情和態度待人接物，別人也會以相同的喜悅回報，如此做人、做事就會亨通順利。但是喜悅之情要發自堅貞、誠意，如果不是出自眞誠，喜悅祇是假象、是諂媚，不但不能通暢人情世故，反而會帶來悔恨禍事。

【綜卦】「巽卦」（第五十七卦）。

【錯卦】「艮卦」（第五十二卦）。

初九，和兌，吉。（爻變爲「困卦」（第四十七卦））

和是指「溫和」之意。

眞心誠意、發自內心的喜悅必定是溫和的、自然不造作的感情，眞情的交往必能打動對方，對方也會以眞心喜悅交往回報。

如果是在某些條件交換下的交往，必定不會眞心地與對方相交，交往過程中也不會有發自內心的喜悅之情，虛僞的表示喜悅很容易就被識破看穿，反而更增加了雙方面的厭惡感。

九二，孚兌，吉，悔亡。（爻變爲「隨卦」（第十七卦））

孚是指「誠信」。

相互之間由於講誠信而帶來的喜悅，是由於互信而能互相合作，團結一致而能事業成功，這種喜悅會帶來吉祥的訊息，人們不會因此而產生糾紛煩惱的悔恨。

人際之間能以誠相待，就不會藏私，相互之間不會心存芥蒂，做事就容易互相合作而成功。

六三，來兌，凶。（爻變爲「夬卦」（第四十三卦））

來是指「招徠」之意。

喜悅不是來自眞心的歡愉，而是爲了要表現喜悅而招來的喜悅，這種勉強的歡顏，內部不曉得掩飾了多少是非，這會引起凶險的災禍。

強顏歡笑不是喜悅而是悲哀，爲什麼能逼出別人所不願做的事？其中必有許多的無奈，如果不能設法消除這些無奈，將來就是招禍的根源。

九四，商兌未寧，介疾有喜。（爻變爲「節卦」（第六十卦））

商是指「商量」、「考慮」；寧是指「安定」；介是指「隔絕」；疾是指「疾惡」、「小人」。

由於是不是值得喜悅之事一時並未能完全確定，尚待商度考慮，因而心神未定而不安寧，此時能夠與小人隔絕不相往來，就會有眞正的寧靜喜悅。

「疑心生暗鬼。」愈是難以拿定主意，愈覺得別人的心態可議，內心既然有了不信任的感覺，就很難再能坦誠佈公，此時唯有完全摒除左右進讒言的小人，重新詳估對方的誠意，才可能有機會重新拾回雙方的友誼。

九五，孚於剝，有厲。（爻變為「歸妹卦」（第五十四卦））

剝是指「剝去外表」。

並非誠意的喜悅被別人看穿了，因而被剝去虛偽的假面具，一旦如此，被揭穿的人必然惱羞成怒，將會造成莫大的危厲災害。

不要隨意揭開別人的假面具，這等於逼得他走投無路，逼急的瘋狗反噬一口相當凶險。

上六，引兌。（爻變為「履卦」（第十卦））

引是指「引導」。

喜悅之產生，要配合相當的氣氛和環境，需要有技巧地引導，才能創造愉悅的事實。

經常朝向光明的一面，就不會看到黑暗的陰影。保持樂觀進取的態度，多往積極健康的方面去思考，就比較容易產生喜悅。

五十九、渙卦

【卦名解說】坎下、巽上（䷺）。

渙是指「渙散」、「分開」之意。

上卦為巽、為風，下卦為坎、為水。風在水面上吹動，吹起了層層重疊的波紋，這種水面雜亂的現象，即稱之為「渙」。

【管理意義】人心渙散。

【卦辭】渙，亨。王假有廟。利涉大川，利貞。

亨是指「亨通」、「順暢」；王是指「君王」；假是指「假藉」；廟是指「宗廟」。

當國家遭遇了困難，人心渙散，此時應該設法解其困惑，使之民意伸張，上下溝通順暢。君王可以藉著對神明的虔誠，而產生全國一致的向心力。爲成就大事業，必須承擔大風險，敢於冒大險的人才有成大功的機會，不僅如此，而且還要光明正大，行事堅貞，才會受到眾人之信賴，才能收拾渙散的民心。

【綜卦】「節卦」（第六十卦）。

【錯卦】「豐卦」（第五十五卦）。

初六，用拯馬壯，吉。（爻變爲「中孚卦」（第六十一卦））

拯是指「拯救」。

在人心渙散的初期，如果能有壯馬幫助負載，由於壯馬的迅捷有力，就能有效地團結人心。在危急紊亂的時期，要用霹靂手段，才能收到快速驚人的效果。

九二，渙，奔其機，悔亡。（爻變爲「觀卦」（第二十卦））

奔是指「奔向」；機是指「時機」、「機會」。

當人心渙散、國難當頭時期，要能掌握時機、抓住重點，使得民心困惑得以舒解而通，民心又再團結，向心一致，就會使所有的災禍消除了。

局勢再紊亂，看起來像是千頭萬緒，雜亂無章，實際上祇要掌握住少數的重點，就能把一連串的問題和困難解決。問題在於誰能獨具慧眼，看透了世局的玄機所在？誰又有這份能力和魄力，絕對地貫徹執行？

六三，渙其躬，無悔。（爻變爲「巽卦」（第五十七卦））

躬是指「自己」、「本身」。

國難當頭、民心渙散之際，能夠奮不顧身地，爲拯救大眾、爲全體的團結一致而奉獻、犧牲，如果人人都能如此，必定很快地就能排除困難，不再有危厲發生。

解決問題並不是最難，難以解決的是每個人的私心、私慾，如果大家都能連自己的危險都不計較了，何愁困難不能解決？

六四，渙其群，元吉。渙有丘，匪夷所思。（爻變爲「訟卦」（第六卦））

群指「成群結黨」；丘是「山丘」，是指「在地聚居的人民」；匪是「不」之意；夷是「平常」之意；思是「思考」、「想法」。

國家有難、社會混亂之際，把成群結黨危害治安的幫眾掃除解散，這會爲社會帶來莫大的安定，是具有正向的作用。但是如果能把平日居住在當地的民眾也一併命令解散，這種做法就不是平常之理所能想像得到的。

爲了戒絕不良少年在「彈子房」爭吵鬧事，政府機關以及各級學校竟然規定學生不得進入「彈子房」，這也是難以理解的事。

九五，渙汗其大號。渙王居，無咎。（爻變爲「蒙卦」（第四卦））

汗是指身體的流「汗」；大號是指「大聲疾呼」、「嚴正的號令」；王居是指「君王的私有產業」。

當國家有難時，人人都有責任，盡其所能奔走解困，大家拚命地努力，汗出如漿也不敢懈怠，擔任領導者的君王更要義正辭嚴地大聲疾呼，號召渙散的民心。爲了儘快發生效用，若君王能變賣了家產，施散於社會大眾，則人心莫不歸附，共同解決國家之難，災禍就此就沒有了。有錢的出錢，有力的出力。能夠眾心一志，就能很快地集中渙散的民心。

上九，渙其血，去逖出，無咎。（爻變爲「坎卦」（第二十九卦））

逖是「遠」的意思。

國家危難，人心渙散，社會紊亂至極點，會有人受到傷害，發生流血事件，此時最好遠避問題中心。不要牽扯到糾紛，就會避免了無謂的災害。

不要奢想螳臂擋車，不是能力範圍的事不可逞能逞強。小災害的時候應該盡全力去排除艱險，但是當災禍如滾石巨木排山倒海而來，就不可以還想獨立推開滾石，空自招致無謂的犧牲。

六十、節卦

【卦名解說】兌下、坎上（☵☱）。

節是「節制」、「撙節」之意。

本卦上卦爲坎、爲水，下卦爲兌、爲澤。上方的水流入下方的湖澤，若不節制流水，則必將水滿溢出澤外，此時的節制，即為「節」卦。

【管理意義】收斂節制。

【卦辭】節，亨。苦節不可貞。

節儉、節約是一種美德，能節制就必然能適應各類艱難，事務通順而無阻礙。但是節約也要有所節制，絕對不要節約過份，超出常人所能承擔的分量，則其堅貞忍耐就不可能長久了。

【綜卦】「渙卦」（第五十九卦）。

【錯卦】「旅卦」（第五十六卦）。

初九，不出户庭，無咎。（爻變為「坎卦」（第二十九卦））

節制自己不走出自家庭院，就不會招惹是非，就不會有災禍上身。

做人要能屈能伸，能知道哪些事情不可強出頭，就要約束自己的行為，不要惹禍纏身。

九二，不出門庭，凶。（爻變為「屯卦」（第三卦））

為了怕招惹是非而節制自己的行動，但是節制到連自家的屋子都不敢邁出，顯然已經大禍臨頭，凶險至極了。

對自己的作為毫無信心，又沒有膽量面對事實，不僅是外在的禍事，尤甚的是內心的懦弱恐懼，更是難以平撫治癒。

六三，不節若，則嗟若，無咎。（爻變為「需卦」（第五卦））

若是指「如此」；嗟是「嘆息」的樣子。

應當節制而未節制，如果由於輕舉妄動而陷入了危險，此時祇有自己怨悔，無可歸咎別人之處了。

行事之前要慎重謹慎，不要意氣用事，以免惹禍上身，後悔已經來不及了。

六四，安節，亨。（爻變為「兌卦」（第五十八卦））

安然自在的遵行節制，毫無勉強，則其節制必能內外配合而無違本意，因此諸事皆必亨通順利。

即使自己要求節制，也要能心甘情願才不會半途而廢，或是為自己尋找許多變卦的藉口。

九五，甘節，吉，往有尚。（爻變為「臨卦」（第十九卦））

甘節是指「甘心願意接受節制」；尚是指「崇尚」、「嘉尚」之意。

甘心情願地接受節制，其意義表示此種節制無傷無害，人人都樂意遵從，因此吉祥而平安，如此而往，不但吉利安詳，而且還會受到大眾的嘉言崇尚。

把不良的嗜好戒除而節制，祇會有好結果，也會令人欽佩節制改革的恆心和毅力。

上六，苦節，貞凶。悔亡。（爻變為「中孚卦」（第六十一卦））

極度的節制必定非常痛苦，若此時還是沒有想到調整節制辦法，就會因為忍受不了而產生了凶險的後果。然而這些凶險也是事非得已，如果是為了保全正道而甘心接受的，如此就不會有後悔的情事發生。

自我節制免不了要接受一些痛苦，這是自然、無可避免的情形，不必有什麼抱怨。

六十一、中孚卦

【卦名解說】兌下、巽上（䷼）。

中孚是指「內心裡令人誠服」之意。

本卦之上卦爲巽、爲風，下卦爲兌、爲澤。風在澤面上吹動，必能吹拂而振動水之深處，這就是內部受到感召之現象，故本卦曰「中孚」。

【管理意義】心誠意感。

【卦辭】中孚，豚魚吉。利涉大川，利貞。

豚魚就是「河豚」。

發自內心的誠意連水中之河豚都能感受得到，可見其誠信之深，人人都必能感受其誠，足見吉祥順利之情。信守誠信且能堅守正道，則無論何種水火的危險皆必能安然度過。

爲人誠懇，不使用花招，大家就自然而然地會感受到感召而相信他，這種誠信情感的交流得之不易，要好好地把握，將來都是事業上的助力。

【綜卦】「中孚卦」（第六十一卦）。

【錯卦】「小過卦」（第六十二卦）。

初九，虞吉，有他，不燕。（爻變爲「渙卦」（第五十九卦））

虞是「憂慮」、「預料」之意；有他是指「有其他的變化」；燕是指「燕安」。

即使內心的誠信已經令人信服，也應該保留一些憂慮之情以防萬一，否則一旦有了其他意料之外的變化，就會使人寢食難安，不得寧靜。

對別人百分之百的信賴，而沒有任何的心理準備，一旦事情有所改變將無法應對，難免造成了心慌意亂。

九二，鳴鶴在陰，其子和之，我有好爵，吾與爾靡之。（爻變爲「益卦」（第四十二卦））

爵是指「飲酒的器具」，此處指「酒」；靡是「無」、「沒有」之意。

內心誠服之象就如同玄鶴在樹蔭下引頸長鳴，而小鶴在旁也必然共鳴附和。如同我有了好酒，最先想到的必然是和自己最誠信的好朋友暢飲美酒。

當一個人對某人非常的信任，則不論此人的任何言論皆必附和，誠信至極的好朋友不僅僅工作上有相同的理念，即使私生活上也會分享共同的快樂。

六三，得敵，或鼓或罷，或泣或歌。（爻變爲「小畜卦」（第九卦））

敵是指「敵人」；鼓是「擊鼓攻擊」；罷是指「鳴金收兵」。

雖然正心誠意地待人，但是一旦面對著充滿敵意之人，正心誠意已經沒有作用，此時可能要選擇進或是退，可能悲哀欲泣，也可能快樂高歌，很難事先預料。

雖然以誠信待人，但是對方不一定領情，或者也可能有同情而回報。總之，不必痴痴地盼望著有多麼美好的回報，究竟應該如何面對才好，這要看當時的情形而定。

六四，月幾望，馬匹亡，無咎。（爻變爲「履卦」（第十卦））

望是指「農歷十五日」、「月圓之日」；匹是指「匹配」。

誠信之極，幾乎已接近了圓滿無缺，但是仍然無法吸引值得結交的好朋友，在這種情形時，由於已經顯現了至誠，錯不在你，即使沒有朋友也不算有所過失。

人與人之間的交往，有的人是以誠信論交，也有的人以「利」、「害」論交，不是互相吸引的典型，即使再努力掏心掏肺，也不可能爭取到這位朋友。再說，如果不是可以深交的朋友，勉強爭取到身邊又有什麼意義呢？

九五，有孚攣如，無咎。（爻變爲「損卦」（第四十一卦））

攣是指「攣生」、「雙胞胎」。

人與人之間以至誠論交，相互之間的心意相通，有如攣生雙胞胎一樣，完全心照不宣，在這情形之下，任何事情都能順利合作完成，絕不會發生錯誤。

兩人之間的觀念、思維、做法完全相同時，當然就不會產生意見不合或爭執，相互之間的配合就能天衣無縫，沒有誤失。但是，眞正完全相同的觀念並不容易存在。

上九，翰音登於天，貞凶。（爻變爲「節卦」（第六十卦））

翰音是指「鳥聲」。

誠信至末期已經開始變質，如果內心實際並不眞誠，但是外表虛情假意的高調，甚至高響雲霄，使得眞僞一時難辨。欺騙祇能瞞得一時，如果想要長久的用相同的虛情欺騙，就會被人揭穿而發生不幸的禍事。

外貌忠厚、心存奸詐之人，可以欺人一時，卻無法騙人一輩子，一旦假面具被揭穿，從此信用掃地，再也不會有人還相信他了。

六十二、小過卦

【卦名解說】艮下、震上（☳☶）。

小過是指「小有差池」之意。

本卦上卦爲震、爲雷，下卦爲艮、爲山。雷在山巔震響，其聲勢超過平常，這是「小過」之象，又陰爲小，陽爲大，本卦有四陰爻，二陽爻，故本卦曰：「小過」。

【管理意義】戒急用忍。

【卦辭】小過，亨，利貞。可小事，不可大事。飛鳥遺之音，不宜上，宜下，大吉。

小過之象，陰多於陽，如果能柔順對人處事，就不會有爭執，做事就會順利無礙，但是柔順之事必先遵守正道，不可涉及邪妄。在小人得勢的期間祇適宜從事小事，不可從事影響深遠的大事。就像飛鳥在天空的鳴聲，向上傳音空而無力，不適於議論宏觀大調；向下傳音還可傳至地面，表示討論一些不至於影響太大的言論，倒還有些見地，有所作用。

【綜卦】「小過卦」（第六十二卦）。

【錯卦】「中孚卦」（第六十一卦）。

初六，飛鳥以凶。（爻變爲「豐卦」（第五十五卦））

「小過」的時期實力未豐，陰柔四伏，此時宜下不宜上，如果按捺不住不甘雌伏，硬想一飛沖天，其後果必然不會理想，若不順利，難免因而抑鬱不安。

想要出人頭地是很好的理想，但是要衡量現實環境，如果環境並未能配合良好，就不要硬著頭皮往上闖，最好三思而後行。

六二，過其祖，遇其妣。不及其君，遇其臣，無咎。（爻變爲「恆卦」（第三十二卦））

祖是指「祖先」；妣是指「母親」；君是「君主」。

即使祖先去世了，還會有在世母親的管束；尚未見到君主，先會遇到大臣的接待詢問，雖是層層節制令人不安，但都是遵守著一定的法度，雖有「小過」之情境，仍是合理而有必要的。

逾越常規畢竟是有限度的，每一種行爲都有必然的節制，祇要不超過既有的倫常，就不會有太大不利的惹禍事端。

九三，弗過防之，從或戕之，凶。（爻變爲「豫卦」（第十六卦））

從是指「跟從」；戕是「殘害」之意。

在陰柔過多的「小過」之時，陽剛君子無法超越小人的勢力，此時就要嚴加防範，即使此刻已經順從應變了，仍然難免被惡勢力所殘害，危險之事仍然要小心謹慎。

想要突破現狀、有所作爲時，首先要量力而行，看好時機，沒有把握的事不要貿然行事，一旦舉事不成功，後果非常危險。

九四，無咎，弗過遇之，往厲必戒，勿用永貞。（爻變爲「謙卦」（第十五卦））

永貞是指「永固不變」之意。

逾越了常規本應有錯，但是當在「小過」之時，九四之爻以陽爻處在陰位，亦即雖然陽剛卻有柔順之處，並不算過份剛硬，還不至於算是大錯，故為「無咎」。若是沒有充分的準備是無法超越現況的，如果機遇碰上了不妨可試，但是往前超越時必定危機處處，行事一定要戒懼謹慎，而應該因時、應地制宜，絕不要一成不變地拘泥不化。

超越常規，想要突破，很難一次就成功的，事先要能認眞地研究，請益專家，即使一、兩次不成功，仍然不要洩氣，一有機會還可再試。當然所有的行動都要十分小心謹慎，而且要隨機應變，見機行事。

六五，密雲不雨，自我西郊，公弋取彼在穴。（爻變為「咸卦」（第三十一卦））

公是對人的「尊稱」；西郊是指「西邊的荒郊」；弋是指「把線繫在箭上射出去」；穴是指「洞穴」。

當準備的實力不足之時，就像是天上佈滿了烏雲，由於陰陽未能調和而無法致雨，無法澤被大地，祇好獨自地在邊遠不重要的荒地上活動，在洞穴狹小的範圍內射殺獵物，以獲取一些微薄小利。

本身的力量還未充足時不要想著超越現況，也不必想改革或是跳槽，祇能忍耐，自我充實，以待時機。

上六，弗遇過之，飛鳥離之，凶，是謂災眚。（爻變為「旅卦」（第五十六卦））

遇是指「機遇」；過是指「超越」。

在沒有適當的機遇時仍然勉強想要超越現狀，這就像飛鳥漫無目標地高飛而去，這種沒有充分的準備而要強行飛渡會有想像不到的意外發生，這些都會造成不可避免的災害。

待機而行事不可勉強，時機不成熟或是沒有機會就不要盲目行事，否則很容易招致失敗而受害。

六十三、既濟卦

【卦名解說】離下、坎上（☵☲）。

既濟是指「事情既已完成」、「已經成功了」。

本卦上卦爲坎、爲水，下卦爲離、爲火。水在上，火在下，水往下流，火往上竄升，兩者因此得以緊密結合，而且六爻之位剛柔各得其正位，因而此卦曰「既濟」。

【管理意義】固守成果。

【卦辭】既濟，亨，小利貞，初吉，終亂。

大功已告完成時，大事當然都會非常的注意，但是往往會疏忽了小事，此時應該加強注意小事的進行，也能使之亨通，才算諸事完備。要想長保既濟之態，就要堅貞地固守既有的成就。方濟之時，必定都能兢兢業業，爲保全事功而努力，但是久而久之，到了既濟時，難免會產生了疏忽、懶惰，終於會發生變亂禍事。

【綜卦】「未濟卦」（第六十四卦）。

【錯卦】「未濟卦」（第六十四卦）。

初九，曳其輪，濡其尾，無咎。（爻變爲「蹇卦」（第三十九卦））

曳是「拉」之意；輪是指「車輪」；濡是指「沾水而濕」之意。

事竟之初，一切尚未完全就緒，不宜輕率涉險躁進，應該曳住車輪，不使前進過速，使得獸尾沾濕，就不至於冒失而涉水，可用這些方法使得減緩進速，避免發生錯誤。

「事緩則圓」，沒有把握的事不要太快地下定論，先停放一段時日再愼重思考。爲了怕自己會忍不住地往下進行，不妨自行設限，不要讓事務進行得太順利，如此可以收得緩衝的效果。

六二，婦喪其茀，勿逐，七日得。（爻變爲「需卦」（第五卦））

茀是指「車帷」，古時婦人出門乘車，必有車帷遮蔽。

事竟之時也會遇到處事不順、無法進行的情形，就如同婦人遺失了車上的帷簾就無法乘車外出，但是這種自由的限制也不必煩惱去尋找解套，過一些日子自然就會找到了，處事也就可以再通順進行了。

當大環境是成功的，即使偶爾有些細微小事一時無法辦理，不用焦急，很快就會得到解決。

九三，高宗伐鬼方，三年克之，小人勿用。（爻變爲「屯卦」（第三卦））

高宗是指商朝的君王武丁；鬼方是指「北方的部族」。

大功告成得來不易，其用心也要以正道方可。古代高宗征伐鬼方，是爲了弔民伐罪，其用意是爲了抵禦外侮，使人民生活安和樂利，雖然耗費了三年才打了勝仗，仍然是値得的。征戰的前提不是爲了君王自己，也不是爲了搶奪財物，如果換作了其他的小人，難免用心不正，他的征伐就會變成了窮兵黷武，而不適合出征。

同樣一件事，如果用心良苦，其反映出的後果和影響就截然不同。論事不能衹看表面，要詳細分析其潛在的眞正原因。

六四，繻有衣袽，終日戒。（爻變爲「革卦」（第四十九卦））

繻是指「細密的羅布」；袽是指「破衣裳」。

事業成功之時也要想到困頓的當時，就像是一件華麗的衣服也有一天會變成破衣裳。因此，要不斷地告誡自己，不要疏忽大意。

「安不忘危」，成功得來不易，要能長久維持成功的水準更不容易，稍有疏忽就會被敵人所趁，就會導致失敗。

九五，東鄰殺牛，不如西鄰之禴祭，實受其福。（爻變爲「明夷卦」（第三十六卦））

禴是指「春祭」。

功成名就之後也要常思守誠之道，不要虛耗財物。就像東邊鄰居殺牛以作豐富的祭禮，但是由於內心不誠，還不如西鄰以春祭簡單隆重，如果是心意誠敬，鬼神反而願意接受這種眞誠的祭祀。

即使在勝利成功的時期也不要鋪張浪費，感恩的回饋也要實用眞誠，不需要虛假、奢侈。

上六，濡其首，厲。（爻變爲「家人卦」（第三十七卦））

事業的成功到了極限也必定開始有變，此時要小心謹慎行事。如果此時還不知道有所節制，就像是獸類渡河，把頭部都沾濡了河水，眼見將要沉沒，這是非常危厲的現象。

勝利使人沖暈了頭，成功會讓人失去了理智，很多人大起之後，由於不能自制，就接著大落，使他就此一蹶不振，再也難以翻身爬起。

六十四、未濟卦

【卦名解說】坎下、離上（☲☵）。

未濟是指「事業尚未完成」之意。

本卦之上卦爲離、爲火，下卦爲坎、爲水。火在上，水在下，而火性往上，水性下流，此二著永不相交，事務也永遠難有合作之期，此象是「事業未能完成」，故本卦曰「未濟」。

【管理意義】事功未竟。

【卦辭】未濟，亨。小狐汔濟，濡其尾，無攸利。

汔是「幾乎」之意。

「事情尚未完成」，本來並不是亨通之意，但是上下都知道事情尚未完成，都會認眞等待時機，以便完成事務，這種競業的精神很可能會帶來亨通之兆。然而，若像是小狐渡河，爲了怕沾濕尾巴而掀起尾巴，但是小狐力弱，雖然已經盡了力，仍然濕透了尾巴，終於未能完成渡河的大業，再努力以此前往也是沒有用的。

有些事情不是能力所及，再努力也是無法做到，就要另作盤算，不要白白的浪費了時間和精力。

【綜卦】「既濟卦」（第六十三卦）。

【錯卦】「既濟卦」（第六十三卦）。

初六，濡其尾，吝。（爻變爲「睽卦」（第三十八卦））

未濟之初，小狐尚未自知柔弱，竟妄想強行渡河，結果尾巴浸濕，終於未能完成渡河任務，徒自招來羞辱和失敗。

沒有查清楚敵情，也不自知本身的斤兩，貿然行事難免會失敗出糗。

九二，曳其輪，貞吉。（爻變爲「晉卦」（第三十五卦））

曳是「拉往」之意。

事務未能完成也要謹慎從事，要自我節制，就像拉住車輪不使前進，如此堅守正道，不冒失從事，就能得保吉祥平安。

事務不能如理想的進行，必然是外在的大環境產生了變化，空自焦急也沒有用，應該小心從事，不要莽撞害事。

六三，未濟，征凶，利涉大川。（爻變爲「鼎卦」（第五十卦））

事務不能順利進行之期，內部的協調都有了問題，此時想要征伐外邦必然是困難重重，三軍無法統合，後勤也無法支援，征戰必敗，但是此時不妨實施一些具有挑戰性、有風險的活動，如此可以激勵全民的警覺心，刺激大眾同仇敵愾的觀念。

對外用兵需要大量的資源配合，也會消耗大量的能源，如果不能事先達成共識，光是內部的爭吵就會造成一場大災害。

九四，貞吉，悔亡，震用伐鬼方，三年有賞於大國。（爻變為「蒙卦」（第四卦））

震是指「威震」；鬼方是指「北方偏遠的外族」。

事業未能順利進行之期，仍然要保持堅貞永固，才會平安順利，而沒有懊惱、災禍之發生，將此凝聚的力量用以征伐偏遠的蠻夷，歷經三年就能勝利成功，獲得了擴充的版圖疆域。

生聚教訓，培養了足夠的能力，有了充分的計畫和準備，一舉出擊，才能獲得勝利。

六五，貞吉，無悔，君子之光，有孚，吉。（爻變為「訟卦」（第六卦））

光是指「光彩」、「光華」；孚是指「誠信」。

事務未能順利進行之際，做人做事仍然要堅貞不變，才能長保吉祥，才不會橫生災禍，君子要永保誠信，就會顯出光輝普照的色彩，這都是成就「既濟」之功的準備條件，若能做到真誠則必能帶來吉祥如意。

祇要為人誠信，無論在多麼複雜的環境下，都能發出一種質樸、與人無爭、令人信賴的安全感，大家都願意相信他，就是事務協調，「既濟」開始的現象。

上九，有孚於飲酒，無咎。濡其首，有孚失是。（爻變為「解卦」（第四十卦））

「失是」是指「失去了正確的做法」。

當事務極度地不能溝通協調之時，大家都期待能有溝通之日，也相信應該有這麼一天，於是各自放心地安於飲酒度日，靜待「既濟」的到來，這種觀念可以促進合作，不致引起爭辯糾紛，但是飲酒安逸也該有所節制，否則就像小狐不自量力，連頭部都浸到了水，可見不自量力所造成的危險，這都是自以爲「是」，而失去了「是」的情形。

MBA系列 11

第七項修練——解決問題的方法

編 著 者／薄喬萍
出 版 者／生智文化事業有限公司
發 行 人／林新倫
登 記 證／局版北市業字第677號
地　　址／台北市新生南路三段88號5樓之6
電　　話／(02)2366-0309
傳　　真／(02)2366-0310
E-mail／book3@ycrc.com.tw
網　　址／http://www.ycrc.com.tw
郵政劃撥／1453497-6 揚智文化事業股份有限公司
印　　刷／鼎易印刷事業股份有限公司
法律顧問／北辰著作權事務所　蕭雄淋律師
I S B N／957-818-437-9
初版一刷／2002年11月
定　　價／新臺幣300元

總 經 銷／揚智文化事業股份有限公司
地　　址／台北市新生南路三段88號5樓之6
電　　話／(02)2366-0309
傳　　真／(02)2366-0310

國家圖書館出版品預行編目資料

第七項修練：解決問題的方法／薄喬萍編
著. - - 初版. - - 臺北市：生智，2002〔
民91〕
面； 公分. - -（MBA系列：11）

ISBN 957-818-437-9（平裝）

1.易經一研究與考訂 2.管理科學一哲學，
原理

494.01 91015077

□揚智文化事業股份有限公司 □生智文化事業有限公司

謝謝您購買這本書。

爲加強對讀者的服務，請您詳細塡寫本卡各欄資料，投入郵筒寄回給我們(免貼郵票)。

E-mail:book3@ycrc.com.tw

網 址:http://www.ycrc.com.tw

（歡迎上網查詢新書資訊，免費加入會員享受購書優惠折扣）

您購買的書名：________________________________

姓　　名：________________

性　　別：□ 男　　□ 女

生　　日：西元________年______月______日

TEL：(____)__________　　FAX：(____)______________

E-mail： 請塡寫以方便提供最新書訊

____

專業領域：____

職　　業：□製造業 □銷售業 □金融業 □資訊業

□學生 □大眾傳播 □自由業 □服務業

□軍警 □公 □教 □其他______

您通常以何種方式購書?

□逛 書 店 □劃撥郵購 □電話訂購 □傳真訂購

□團體訂購 □網路訂購 □其他______

✎對我們的建議：

106-

台北市新生南路3段88號5F之6

揚智文化事業股份有限公司 收

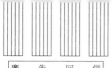

廣告回信
臺灣北區郵政管理局登記證
北台字第8719號
免貼郵票

地址：

縣市 鄉鎮市區 路(街) 段 巷 弄 號 樓

(請用阿拉伯數字書寫郵遞區號)